诚信

立人之本，成功之源

The sincere message is foundation
of conducting self, base of starting
one's career.

林婷煜 著

希望种子企划室 策划

 长江出版传媒 ｜ 长江少年儿童出版社

图书在版编目（CIP）数据

　　心灵种子系列．诚信／林婷煜著．—武汉：长江少年
儿童出版社，2014.6
　　ISBN 978 – 7 – 5560 – 0750 – 9

　　Ⅰ．①心… Ⅱ．①林… Ⅲ．①青少年教育 – 品德教育
Ⅳ．①D432.62

中国版本图书馆 CIP 数据核字（2014）第 115308 号

《心灵种子系列．诚信》　林婷煜　著
中文简体字版© 2014 年由长江少年儿童出版社有限公司发行
本书经城邦文化事业股份有限公司商周出版事业部授权，同意经由长江少年儿
童出版社有限公司，出版中文简体字版本。非经书面同意，不得以任何形式任
意重制、转载。
著作权合同登记号：图字：17 – 2014 – 110

心灵种子系列
诚信

原　　　著	林婷煜
项目策划	蔡贤斌
责任编辑	凌　晨
美术设计	贾　嘉
出 品 人	李　兵
出版发行	长江少年儿童出版社
电子邮件	hbcp@ vip. sina. com
经　　销	新华书店湖北发行所
承 印 厂	永清县晔胜亚胶印有限公司
规　　格	880 ×1230
开本印张	32 开　8 印张
版　　次	2014 年 10 月第 1 版　2017 年 2 月第 2 次印刷
印　　数	1 –10000
书　　号	ISBN 978 – 7 –5560 –0750 –9
定　　价	23.00 元
业务电话	(027) 87679179　87679199
网　　址	http://www. hbcp. com. cn

十根火柴，一线光亮

何飞鹏

20 年来，我接触过无数的年轻人，也与无数的年轻人一同工作过，他们有梦、有想法；他们天真、淳朴，也浪漫；他们期待富有，希望成为焦点，也渴望成功。

我有两个年轻的女儿，20 岁与 14 岁，她们对未来充满幻想，急着表达自己的意见，也有着许多在大人看起来不切实际的执着（也许是我们现实而世故）。

不论是我的工作伙伴还是我的女儿，在我眼中，他们都有相似之处，浪漫、天真，对未来充满幻想是他们的共同之处。而我与他们也常有争论（或许觉得我在教训他们），我常想把我 30 年来的经验，让他们知道，但经常找不到共同的沟通频道。

直到有一次，我接受电台访问，深刻地谈到一些我对工作的看法与曾经经历的惨痛故事，我只是述说我自己，我只谈我相信的事。其后，我大女儿极其幽怨地告诉我："爸爸，我躲在床上听完您的访谈，为什么我是你女儿，我仍要在广播中才能听到这些话？"

　　我无言以对，我不能告诉她，我曾尝试过，但我们无法心平气和地沟通。从那时起，我觉得易子而教或许是对的。也是从那时起，我下定决心要出一套书，尝试让年轻人看得下去，有所收获。

　　我们组成了一个工作小组，找寻十个永恒不变的工作原则，并尝试把这些略为八股的想法，转换成符合现代的词语，并且用现代的故事、人生体验作为注解，希望这十本书能成为十个工作锦囊，在他们挫折时、彷徨时、犹豫时，或在困难中、在孤独无靠中，能有所帮助。

　　我们不敢讲这些书会帮助大家立即开启成功之门。我们只希望每一本书像擦燃一根火柴，伴你在黑暗中渡过困难，启发灵感，重燃希望！

"喂?! 你在哪里?"

林婷煜

很久以前,就曾听闻一位早早成为手机一族的朋友说过,在这个人手一机的时代,与人相约碰面,再也没有人会在事前数天,就先行约妥碰面的时间、地点了!

"大家都是先约一下大概哪一天、什么时候要碰面,然后,到了当天,再打彼此的手机联络,以确定碰面的时间、地点。"记得当时,朋友是这样告诉我的。

这话听在迟迟不曾使用手机的我的耳中,不免觉得十分荒谬。

不过,前几个星期,在家中忽然极其意外地出现了一部"公用移动电话"之后,我偶尔会将它带出门用用,以免它长期闲置。这时,我才终于亲身体验了那时朋友对我描述的情境!

这样的经验,让我真正了解了为什么现在,只要一步出家门,到处都能听到"喂?! 你在哪里?"这句问话。

只是,置身于现代社会的我,虽然能够设身处地地,体谅现代人生活中的那些好像难以完全避免的忙碌与紧张；但至今，我始终无法理解的是：虽说移动电话确实带给人们不少生活上的便利，且大大减少了诸如"与人相约时，两人不慎因故擦身而过"的莫大遗憾出现的概率，但是，为什么现代人的生活里，居然会存在着较之从前，可谓倍增、倍增、再倍增的变数呢？

真的有那么多的事情，令我们不得不轻易改变彼此的约定吗？

但在日常生活中，无论是与自己或情人、朋友相约，还是身在职场上、商场上形形色色的交易行为。在面对这些约定时，那种不掩真意的诚实，以及与人与己相约后的真心信守，不都是我们为人处世最基本的原则吗？

我常在想，不知道是不是因为这些属于"诚信"的原则，在现代生活中日渐消逝，以致今日在我们身旁的种种人际关系里，所弥漫的不安氛围，似乎愈显深重。

老实说，我比较怀念那个没有移动电话的时代。

彼时，所有稳稳奠基于"诚信"的人际关系，比看似充实、却日渐疏远的今天，要轻松、浪漫、愉悦得多。

可是，与其仅持续哀怨、感叹，我倒宁可选择让过往那份属于诚信待人者所独有的轻松、浪漫与愉悦，在现今重现！

所以，借着这些文字，把一些对人世诚信以待的美好、欢喜与收获收藏于此，与大家分享。

希望每一位正在阅读的你们，在感受它们的同时，也能将之带进自己的生活，使自己活得更加自在、更加快乐！

这本小书得以顺利完成，除了要感谢商周出版社社长何飞鹏先生的策划，以及淑贞一直以来的辛苦与努力外，我想，在此，我更要谢谢我的诸多好友！

因为，倘使没有他们多年来，一次次不吝给予我的支持、关怀与绵密情谊，不可能有现今仍在这人世间，继续努力用心生活的我！

[作者简介]

林婷煜

是一个目前仍快乐地持续与法文课定时相会的女生。

也是以前的唱片公司企划，以前的杂志编辑，现在的所谓文字工作者。

所以写过一些文案，写过一些刊载于报章杂志的文字，写过很多不曾发表的玩意儿；也编过一些杂志和书，出版过三本书。

喜欢散步，喜欢聊天，喜欢写信、收信，喜欢听音乐、看电影，更喜欢在街上阅读形形色色的人、事、物。

由于出生时受到强大的双鱼座力量牵引，因而敏感，因而脆弱，因而总是希望这世界，能够一天比一天，多一些些幸福的味道。

CONTENTS
目录

CONTENTS

CHAPTER 5

剑及履及实践诚信，一点也不难

CHAPTER 6

诚信者的智慧

CHAPTER 7

经典的"诚信"故事

CONTENTS

CHAPTER 1
奠定诚信的基石

不自欺，也不欺人

常常，在爱情、工作或日常生活中，（不免有意无意地）意欲讨好他人的我们，总想将每件事，都处理得面面俱到、圆满无瑕。

但如许贪心，以致全然忘却一己真实心意的结果，却往往因之让自己陷入形形色色且总是难以取舍的迷惘……

前几天晚上，我正心无旁骛地，准备着令人伤透脑筋的法文期末考试，突然，接到了一位约半年多没有联系的同学打来的电话！

原以为他是打电话来叙叙旧、聊聊天，便很高兴地让自己暂时先离开法文课本，回到现实世界。

谁知，聊了聊，才晓得，刚换了新工作不久的这位同学，是"无事不登三宝殿"——在新成立的公司里，生平头一回必须处理"拟定广告插播合约"这项工作的他，希望我能帮他向其他同学或好友，借到一份同业的合约供他参考。

"这样啊!" 听到他在电话里，娓娓道出自己在工作中遭遇的种种困难时，老实说，我差点便要开口应允了!

"可是……"

就在我要答应他的时候，脑海里，却倏然想起了另一个声音: "'合约'是法律文件，且其中多半涉及诸如佣金等公司机密，其他同学好友在职场上，毕竟也身为别人公司的职员，不可能任意出借这种文件的吧! 即使对交情最好的友人提出这种要求，只怕也是为难人家!"

"怎么办?" 顿时，我的脑中一团混乱。

"让我想想，好吗?" 始终无法当下做出决定的我，最后，只得这样回答在电话那端等候的同学。

带着沉重的心情，当天晚上，我反反重复地，思虑再三。

隔天，向来实在不怎么会拒绝别人的我，终究还是勉强自己厚着脸皮打了电话，向同学坦言我的顾虑。

虽然这位同学在听完我的话后，果不其然，以十分不快的口气说了声"哦"之后，便极为草率地结束了那通电话；但是，放下电话的刹那，我的心里，却忽地轻松了起来。

倘若我掩饰自己真正的心意，却做了自己不愿做的事，然后，日复一日地，带着因而覆上阴霾的心情生活着，那么，岂不是欺骗了自己，也欺骗了别人？

而这样的我，在往后的日子里，会快乐吗？

毕竟"诚信"的原始意义，正是"不自欺，也不欺人"！

翻开"非洲之父"爱伯特·史怀哲的传记，其中，记载了这样一段逸事。

那天清晨，正打算去散步的爱伯特刚走出家门，便遇到了他的朋友海因立依。

"嘿！爱伯特，早啊！走！我们一起去葡萄园打鸟，好吗？"海因立依邀爱伯特。

天性仁慈的爱伯特心里，其实一点也不想随海因立依去打鸟。但是，他又担心若一口回绝海因立依的邀约，不但从此将被认定为"胆小鬼"、"呆子"，还会影响与朋友的情谊。

"哦，好吧！"爱伯特只好心不甘、情不愿地答应了。

春天的早晨，有许多鸟儿都在一大清早便站上树梢，迎着朝气蓬勃的阳光，唱着一首首清脆、愉快的歌儿。因此，海因立侬毫不费力，便觅得了目标！

他迅即蹲下身去，捡起了一块小石子，并缓缓拉开弹弓；同时，他也对正慢慢从口袋里掏出弹弓的爱伯特一连串使着眼色。

望着海因立侬仿佛一声声催促自己"爱伯特！你还慢吞吞地在干吗？"的眼神，爱伯特只好赶紧在自己的弹弓上装好小石子，瞄准枝头上的鸟儿。

此时，离葡萄园不远的一座教堂，忽然响起了"当当"的钟声！

听到这钟声，爱伯特霎时大梦初醒！

他立刻将手上的弹弓丢在一旁，并开始大声叫嚷！

这下子，树上的鸟儿们，全都被爱伯特的叫声给吓跑了！一只也不剩！

"爱伯特！你为什么要把鸟儿赶走？"海因立侬随即怒气冲冲地，厉声质问爱伯特！

不过，爱伯特并没有理会海因立侬，一个人静静地转身。

"还好，我没杀生。"心中因此而感到非常自在、愉悦的爱伯特，至此，才真正明了：如果是正确的事，无论别人怎么说，都不应任意动摇自己的心意！

无怪乎《大学》有言："所谓诚其意者，毋自欺也。"

一个隐藏起自己真实心意的人，与此同时，也欺骗了这个世界，离所谓"诚信"，愈来愈遥远。

只是，常常在爱情、工作或日常生活中，不免有意无意地意欲讨好他人的我们，总想将每件事，都处理得面面俱到、圆满无瑕。

但如许贪心，以致全然忘却一己真实心意的结果，却往往令自己因之陷入形形色色且总是难以取舍的迷惘。

每每遇上此种境况，我总想起西尔·席弗斯坦在《失落的一角》里写下的故事。

故事起始于那个不完整的圆，一心想找到自己缺少的一角，使自己成为一个完整的圆。

于是，他走遍千山万水，只为寻觅自己生命中失落的一角。

经过了一天又一天。

终于，他找到了！

然而，成为自己日夜期盼的"一个完整的圆"之后，他的生活，并未如想象中的那样快乐。

因为成了完整的圆，使他从此再不能恣意欣赏路边的花儿，也不能与毛毛虫们聊天，遑论享受阳光！

所以，最终，他仍放下自己原先失落的那一角，选择重新成为一个不完整的圆！

或许，在（可能自己尚不清楚内心真实想法，便不慎地）违逆了自己真心的情境下，自己所遭逢的事情，是看似完美地落幕了。可事实上，这结局，真的如同它"看起来"那样完美吗？

不可能讨好所有世人的我们，最终，只能面对一己真正的心意、守护自己与自己的约定，并以此真实面容，面对世界！

虽说生活在这人世间的每个人，总难免会有某些与他人相异的想法，以及各式各样迥异的梦想，甚或有许多个性上的差异与瑕疵。

若是我们每个人，都能在自己活着的每一分、每一秒，坦然地面对自己与他人，成为一个"行事不违逆真心"的人，如此，至少能让不自欺欺人的自己，活得自然，活得欢愉，活得理直气壮！

诚信者的永恒信念

若是我们每个人，都能在自己活着的每一分、每一秒，坦然地面对自己与他人，成为一个"行事不违逆真心"的人，如此，至少能让不自欺欺人的自己，活得自然，活得欢愉，活得理直气壮！

勇于面对赤裸真实

偶在夜深人静，独自面对眼前的札记本，让自己完完全全地放松、定下心来，好与自己安安静静地说说话时，我常不免想到：生活在这世间的我们，似乎总如同这则英国寓言所指，往往难以面对（不一定都是那么美好的）"真实"，包括向来脆弱的自己。

大约是幼儿园的时候吧?！记得曾在《伊索寓言》里，读过这则至今仍令人难忘的小故事。

有一回，宙斯决定要在群鸟中选立一个君主，来统治所有鸟类。

于是，他就对所有的鸟儿们发出了一则通告。这则通告上规定：在某一天，所有的鸟儿们，都必须到宙斯的面前来，听候他亲自在鸟儿们当中，选出一只最美的鸟，来作为所有鸟类的君主！

也看到了这则通告的乌鸦，心里虽然很想被选上，成为众鸟之王，但是，当他低下头去，望了望全身漆黑的自己，便不禁对自己的形貌深深感到自惭形秽。

后来，乌鸦灵机一动——他赶在规定的日期到来之前，尽可能地飞到各地，在森林中、田野里，竭尽心力地，四处收集了许许多多从他的鸟类同伴们翅膀上掉下来的羽毛。

然后，在准备前往参加评选大会前，乌鸦便将这些五颜六色的美丽羽毛，尽数插在自己身上，恍如为自己穿上了一袭这世上最为光彩耀眼的华服。

"有了这些漂亮的羽毛，希望我能就此成为众鸟中最美的一只。"出发前，乌鸦心中如许暗祷。

当评选时刻来临，穿着这袭由众鸟羽毛凑成的艳丽衣裳的乌鸦，果然如愿以偿地，赢得了宙斯满是赞叹的目光！

只不过，当宙斯正要宣布将册立乌鸦为鸟类之王时，在场的鸟儿们却因知悉事情真相，而纷纷愤恨地大声抗议起来！

而且，鸟儿们还一不做、二不休地，干脆飞近乌鸦，从他身上啄下了原本属于自己的羽毛！

如此，一心想成为众鸟之王的乌鸦，自是原形毕露。

所谓"真实"，原本就不一定如同我们所希望的那般美好。

所以，现今回想起这则小故事，我总不由得联想起近日在网络上广为流传的另一则古老的英国寓言：

某日，"真实"和"虚假"一同前往一条小溪洗澡。

先洗完澡的"虚假"走上岸来，见左右无人，便将"真实"的衣服穿在自己身上，并径自先行离开这条小溪。

不一会儿，也洗完澡的"真实"回到岸上。"真实"这才发现：原来，自己的衣服，已经被"虚假"给穿走，岸边只留下一袭属于"虚假"的衣装！

即便如此，"真实"仍不愿穿上那袭原属"虚假"的衣裳！

"真实"宁可一丝不挂，赤裸裸地离开这岸边！

从那时起，人们总因觉得"真实"不太雅观，而不愿多看它一眼。

偶在夜深人静，独自面对眼前的札记本，让自己完完全全地放松、定下心来，好与自己安安静静地说说话时，我常不免想到：生活在这世间的我们，似乎总如同这则英国寓言所指，往往难以面对（不一定都是那么美好的)"真实",包括向来脆弱的自己。

就像最近在看日本偶像剧 *QUIZ* 时,有一幕,让坐在电视屏幕前的我,忍不住为之深感伤心。

"你最重要的东西是什么?提示:已经消失。"

这是这出偶像剧里,绑匪寄给家长们的一封 E-mail,用以告知家长"你的孩子已遭绑架"。

然而,当被绑架的小学生高野生(神木隆之介)的母亲高野舞(森口瑶子),从自己的 E-mail 信箱里收到这封信,并迅即打开、读毕时,她的反应竟是赶紧察看自己即将成立的英语学校的宣传海报是否仍在!

这就难怪参与策划这宗绑架案、可谓自导自演的高野生,在面对终于找到了自己的妈妈之时,会一直难以相信她对自己说的"我最重要的,当然就是小生你"了!

甚至,发现自己并非妈妈生命中最重要的东西因而失望至极的小生,最后还直截了当地在高野舞一连反驳他"不对,不是这样的"的时候,带着面无表情的满脸冰冷大声告诉自己的妈妈:"你就别再说谎了!"

只能一再反复在口中说着"不对",却无从使儿子信任自己的妈妈高野舞,毕竟无法在因事前已于自家装妥监视器,而亲眼目睹一切的孩子面前,否认自己彼时最最直接、最最真实的反应。

《伊索寓言》里的乌鸦也好，*QUIZ* 里的妈妈高野舞也好，对于凡人如你我而言，要鼓足勇气、面对毫无掩饰的"真实"——包括真实的自己，以及这世上所有的事实真相，确是不易！

可是，难道我们便因这艰难，而选择放弃面对一切真实，乃至永远背离诚信之道？

"真实的信仰是视人性为真实，虚假的信仰是视人性为虚幻。"

发现"帕斯卡定律"的数学奇才帕斯卡，在他的《默想录》一书中如是写道。

的确，世事并非总完美无憾；而每一个我们自己，以及所有在这世上与我们相遇的人们的内心深处，也不一定全都犹如天使那般单纯、美好。

这虽是个极为残酷且令人难以承受的事实，可在经历生命中的诸多波折后，如今的我，总觉得既然这些都是事实，那么，日日生活在这世间的我们，又何必要试图掩饰这些确实不甚美丽的真相？

曾竭力试图掩饰真实，正因有所恐惧。如此，我们何不试着克服自己对种种不完美与缺憾的莫名恐惧，同时，鼓起勇气、坦坦荡荡地面对它们？

　　当然，在这一过程中，可想而知，必定会有或多或少的挣扎，乃至撕扯、断裂。

　　但若哪一天，当回归诚信之道的我们，终能面对再无甜美可人的糖衣包袱，便赤裸裸地呈现于自己眼前的"真实"之时，可能有某些意想不到的收获到来，也未可知呢！

　　歌德不就曾经说过："我们应努力地潜入你我的心中，用诚实与清晰，除去弥漫在心中的错误、不合理与不成熟。"

　　一如在 *QUIZ* 的尾声，不单单是高野舞一家人，所有正视了自己家中问题所在家庭，都再一次地，重新尝到了亲情的温暖。

诚信者的永恒信念

　　我们应努力地潜入你我的心中，用诚实与清晰除去弥漫在心中的错误、不合理与不成熟。

以"珍惜"守护约定

开口相约，是件再简单不过的事。但是，这世上有几人能如季札这般，将自己与他人的约定牢牢铭记在心中，甚至至死不渝。

那天，和朋友相约去看电影。

结果，朋友循例迟到。

虽然早已习惯他长久以来一直难以戒除的这习性，然而，在等待的同时，我的心里，却依旧不免泛起一种无奈，混杂着些许失望与哀伤的心情。

为什么不好好珍惜彼此，守护我们之间作为朋友的约定呢？

两千五百多年前的古代中国，正值诸侯割地自居、诸子百家争鸣的春秋时期。

当时，统领吴国的吴王，膝下有四个儿子。

在吴王的这四个儿子里，以四子季札最为聪明。因此，在吴王心中，很想将王位传给季札。

但吴王没料到——季札获悉此事后，却坚决不肯接受！

他对吴王说："父王，您还是请大哥来继承吴国的王位吧！您与其要我继承王位，还不如让我为吴国去四处拜访邻国，如此，对吴国的外交，不是更有助益？"

"你真是我的好儿子啊！"吴王听了季札的话，不禁拍了拍他的肩膀，说，"好吧！那么，我现在就赐给你一把代表吴国的宝剑，代表吴国出访吧！"

接过这把宝剑的季札谢过吴王，就带着它，前往四方邻国去了！

季札的第一站，来到徐国。

由于与季札一见如故，徐王十分热烈地欢迎季札。

季札在徐国宫中，便因而多留了几天。

某日，当季札与徐王正在聊天时，徐王望见了季札系在腰间的那把宝剑！"真是一把好剑啊！"兼擅武艺的徐王称赞季札的剑。

"是啊！这把剑，可是吴国的国宝呢！"季札口中说着，一面便将宝剑递给徐王。

徐王接过剑放在左手，然后，用右指在剑身上一弹——果然发出"铮"的一声！

"要是我也有这样的一把好剑，该有多好。"

眼见徐王的欣羡之情溢于言表，对此心知肚明的季札，很想当下就将这剑送给徐王！

可是，碍于自己还得前往其他国家，若不佩着这剑，自己何以代表吴国呢？

季札只得暗暗在自己心中，对徐王允诺道："待我结束行程，定会回到徐国，将这把剑送给你！"

直到半年多后，已然走遍诸邻国的季札，才再度回到徐国。

一抵达徐国，季札便急着想尽快拜见徐王！

哪里晓得，当徐国宫中负责通报的门人见到季札来访，却霎时眼眶一红，掉下眼泪。

"自从您离开徐国，不久，徐王便生了场大病，并于数月前……过世了……"门人哽咽地对季札说。

"什么？徐王……死了！"

季札听到这消息，全身如遭电击！

呆了半晌，季札才回过神来，开口问那门人："请问徐王葬在何处？你能带我去吗？"

门人点点头，静静地带着季札，来到徐王位于南山的墓前。

季札走近那墓，见到墓旁的青草，一株株都已长得又高又长，心中不觉一酸。

他伤心欲绝，在徐王墓前哭道："徐王，我来得太迟了，当时许剑的诺言，只能现在实现了。"

说着，季札便将身上佩着的宝剑解下，轻轻挂在徐王墓旁的树上。

站在一旁的门人见到这种情形，连忙阻止季札："徐王已经过世了，您还是把剑留在自己身边吧！"

"不行！"季札眼中噙着泪，语气坚决地说："上回，我在心里答应了徐王，要在我出访结束时，将这剑送给他；如今，徐王虽已过世，但我仍要履行我的诺言！"

门人听了，忍不住钦佩地赞许季札："季公子真是一位讲信义的人呀！"

每每回想起"季札赠剑"这则流传久远的故事，我总为其中浓郁的珍惜之心，感动不已。

开口相约，是件再简单不过的事。但是，这世上有几人能如季札这般，将自己与他人的约定牢牢铭记心中，甚至至死不渝，仍如实履约……倘使不是真真切切地，珍惜着自己付出的一份真心，以及与自己相约的对方所付出的另一份真心，哪能如此？

虚情假意，总难长久。唯发自内心的真诚，方能促使我们信守约定。

而另一个耳熟能详的故事，则是这么说的：

有两个人相约一起旅行。不料，在途中，他们竟遇上了一只熊！

其中一人随即一溜烟地爬到枝叶浓密的树上躲了起来。

而来不及逃走的另一个人一时无计可施，只好直挺挺地躺在地上，竭尽所能地装死。

没多久，熊走了过来。他在那人身旁绕了绕、嗅了嗅，便离开了。

等到熊走远了，在树上躲着的那人，才小心翼翼地爬下树来。

爬下树来的那人，笑嘻嘻地问他以装死逃过一劫的同伴："刚刚，那只熊是不是在你耳边，低声说了些什么呀？"

"是啊！"他的同伴拍拍身上的尘土，冷冷地答道："那只熊给了我一个忠告——以后，别再和临难相弃的朋友一同出门了！"

无论彼此是朋友、是情侣、是夫妻、是家人，甚至是同事、是长官与下属，相信没有人喜欢、希望自己被如此对待。况且，若是这世上的人们，都这样彼此相待，我怀疑：到时，世间种种人际关系，会变成什么模样？

记得在日本偶像剧 *Rendez-vous* 里，因为患恶疾，而选择独自离家生活的船家长子岩田猛（高桥克典），某次回家与家人聚首时，曾对咬紧牙关、为家中一肩挑起偿债重担的弟弟岩田守（柏原崇）说："真不愧妈妈给你取了'守'这个名字！"

守护，正是珍惜的具体表现。

倘是真心珍惜彼此的关系与缘分，便要仔仔细细地，守护彼此的每一句约定才是呀！

所以，英国小说家乔治·艾略特说："两个灵魂结合一起，在彼此的工作、成就与不幸中相互支持，直到最后告别的静默时刻降临，这是何等美妙的事。"

诚信者的永恒信念

　　两个灵魂结合一起，在彼此的工作、成就与不幸中相互支持，直到最后告别的静默时刻降临，这是何等美妙的事。

"不轻诺" 的处世善意

倘使轻率地对人许下承诺，之后，却又无法如实地兑现自己的诺言，这结果，不单使自己成为毫无信义可言的人，同时，也常因此给那些与自己相约的人，带来程度不一的种种伤害……

中秋节快到了。很长一段时间以来，都因困于工作，而抽不出时间、分不开身回南部老家的一位朋友，昨天傍晚打了通电话来，说想趁着连续假期，回家看看爸妈，也让爸妈看看自己。

"很好啊!"我说。

"可是……"只听她在电话彼端，支支吾吾了起来："可是，我在想，我这一回去，就是好几天，那……那我才刚养不久的小狗，独自在房里，要怎么办呢? 带着它去搭车吗? 可是即使沿途不塞车，也得在车上待好几小时，实在很不方便。所以……所以我才想说，能不能麻烦你在我回南部的这几天，把小狗带到你家，帮我照顾？"

听到这儿，在电话这端的我，不禁愣了一下——由于我自小怕狗，几乎是友人间众所皆知的事，以致至今，似乎不曾有人向我提出过"代为照料小狗"的要求。

"不过，稚龄的小狗狗独自在家里，好几天没人照顾，确实很可怜。"念及此情此景，我的恻隐之心油然而生。

只是，向来对狗有着莫大恐惧，且无论大狗小狗土狗贵宝狗狼狗马尔济斯等，一概从不例外的我，恐怕连把小狗从她家带回来，都有天大的问题吧！

况且，即使是她在回家前，先将那只小狗带来给我，帮我解决了这个棘手的难题，但是，总不能让这只小狗来到家中做客的这些天，终日被关在笼子里吧？这，又是另一个更大的问题！

以光速在脑海里考虑了几分钟，终于，我万分愧疚地，下定决心——

逼着自己，狠下心肠对她说："抱歉，这件事，我真的没办法答应，因为我真的真的很怕狗，无法帮你照料好小狗狗。不如，我帮你问问其他朋友，看看有没有人能代为照顾小狗几天，好吗?"

我不知道自己选择这么做，在拨了电话来的朋友眼中，会不会显得不合情理；但我只觉得：如果我很清楚"这是我做不到的事"，那么，我凭什么答应人家，又为什么要答应人家呢?

若是违逆了自己的真意，欺骗了自己、也欺骗了对方，轻易地答应某件（实际上，根本是超乎自己能力范围的）事，终致落入没有履约、失信于人的结局，如此，不是较之"一开始，就根据事实真相明确回绝对方"，对彼此的情谊，将会造成更是无可弥补的折痕，甚至伤害吗?

"轻诺"，向来都只会戕害"互信"。

而彼此真心诚意的"互信"，却是所有建构人际关系的基本元素中，最为重要且无可替代的一环呀!

在悠远的三国时代……

一回，吴国大夫鲁肃，在诸葛孔明鼓起如簧之舌的连连煽动下，未经太多考虑，便轻率地许下承诺，答应将荆州借给刘备。

谁晓得，只因鲁肃这一诺，不仅使吴国在之后，为此伤透了脑筋；而且，在吴蜀二国你争我夺的过程中，更让吴国因此失去了周瑜这员大将呢！

除了这个典出《三国演义》的故事，将历史行进的轨迹再往前推，还有一个异曲同工的故事。

忠心耿耿的良臣甘茂，在秦国虽官拜相国一职，然而，长久以来，秦王的心里，却始终较为偏爱另一位臣子——公孙衍。

某日，秦王避开众人耳目，悄悄地对公孙衍承诺道："日后，我一定会对你有所提拔——我准备升你成为相国！"

这个消息，很快地，便流传了出去。

当那些在甘茂麾下任职的官员们，听到了这个消息后，纷纷将这消息转述给甘茂知晓。

得知此事的甘茂，决定亲自进宫拜见秦王。

一见到秦王，甘茂立即躬身对秦王说："大王将得贤相，微臣在此，斗胆为大王贺喜！"

秦王听了甘茂的话，心中不由得大惊失色！

他连忙对甘茂说："我已将国家托付与你，何须另觅贤相呢？"

"大王不是将立公孙衍为相吗？"甘茂满脸狐疑。

"这消息，你是打哪儿听来的？"秦王问。

"人们说，是公孙衍告诉他们的。"甘茂回答。

对此感到窘迫异常，以致无言以对的秦王，最后，只得将公孙衍驱逐出境。

倘使轻率地对人许下承诺。之后，却又无法如实地兑现自己的诺言，这结果，不单使自己成为毫无信义可言的人，同时，也常因此给那些与自己相约的人，带来程度不一的种种伤害。

与其最终失信于人，并因而折损自己与朋友之间的情谊，还不如一开始，就先对自身所在的客观处境与自己生活中的实际状况，都有所了解，然后，再以此判断自己是否该应允这承诺。

"不轻诺"，不仅是对自己声誉的维护，更是人之相与应有的良善美意。

曾听闻一家知名的制造商，在换了位新任经理后，便撤走了工厂里设置多年的打卡钟。

这么做的唯一理由是：这位经理认为"员工们都是成人了，知道自己何时该工作，以及公司对他们的期望为何。"

起初，员工们怀疑厂方将以此作为下一次劳资谈判的筹码。

但事实证明——此举代表的，是公司对员工的信赖！

后来，该公司的员工们，也以"绝不迟到"的实际行动，来证明公司给予自己的这份信赖，是值得的！

倘使人人彼此尊重、真心互信，想想，这个不再有欺瞒、狡诈存在的世界，将是多么美好！

"要尊重每一个人，不论他是何等卑微与可笑。要记得：活在每个人身上的，是和你我相同的性灵。"德国哲学家叔本华如是说。

诚信者的永恒信念

要尊重每一个人，不论他是何等卑微与可笑。要记得：活在每个人身上的，是和你我相同的性灵。

为自己的言行举止负责

> 往往，我们每个人的言行举止，便是我们自己命运的主宰。

"我原以为，他会想再多留几天的。谁知道，他真的就一言不发地，一走了之。

"他坚决不让我送他去机场。我只好帮他提行李、送他到我住处楼下。望着逐渐消失于视线中的计程车，我多害怕坐在车上的他，不仅再不回头，而且从此消失于我的生命中。"

今天早上，在 E-mail 信箱里，我收到一封朋友写来的信。信中，她如泣如诉地说着正经历的感情风暴。

读着读着，我不禁随之感伤了起来。

没料到，才读完这封信，没几分钟，电话倏然响起，打破了我读信时的一片静谧。

怕是写 E-mail 来的朋友打电话来哭诉，然而自身情绪仍随那封信陷于悲伤的我，可能一时无法应对，便迟疑了几秒。

但最后，我仍在铃响停止前，伸手接起了电话。

颇出人意料，来电者，是也收到了同一封 E-mail 的另位朋友！

"这个人，到底在做什么啊?"电话中，这位朋友气急败坏地，数落着那位朋友："她趁着他不在自己身边脚踏两条船，已理亏在先；而当对方趁着难得的年假，千里迢迢专程从国外飞回来探望她，她仍不好好对待人家，自顾自去与新欢约会、逛街 shopping；事到如今，却又在对方决定不再留恋后，才径自懊悔不已。"

纵然感情世界的一切，总犹如谜团般难以捉摸，也几乎无有铁律可言；不过，无论如何，自己在待人时的一言一行、一举一动，所可能导致的种种后果，总该自行承担并为之负起责任才是。

因为，这本是诚信之人应有的作为。

普通朋友相待，尚且如此，更何况是面对与自己相约携手漫步人生路的亲密爱侣呢?

于是，虽能对朋友担忧自此失去恋人的伤感感同身受，但却也无由为她出言反驳的我，只能黯然地听着。

毕竟，无论人生中的得失、成败、好好坏坏，都能坦然接纳、面对，并为之承担自己应负的责任，这，才是所谓"诚信"之道呀！

闻名世界的发明家爱迪生，最终，不也坦承了自己的失败？

在 19 世纪 80 年代，因发明留声机、电灯等新产品，而被誉为"门罗公园的魔术师"的爱迪生，以他的直觉预料：在接下来的时日，钢铁工业——尤其是美国东部的钢铁工厂，将会由于矿源不足，而越发需要铁矿！

同时，早年便已对长岛沿岸的磁铁黑矿砂留下深刻印象的爱迪生，也信心十足地确定：只要在那其中，加上一丁点儿"独属爱迪生的知识和技术"，自己绝对能以十分经济的方式，在那儿提炼出铁！

不久，爱迪生所雇的一群探勘人员，果真在近新泽西州的北端、离奥格登堡不远处，发现了一座磁铁矿山！

意气风发的爱迪生便认定：这儿，正是自己即将开展的伟大冒险所在！

即使之后数年间，在这座被爱迪生昵称为"我的奥格登宝贝"的矿场，由成立到运作的漫长过程中，遇上了许许多多爱迪生先前全然意想不到的问题；但爱迪生仍以他难以撼动的决心，一次又一次，投入难以数计的心力与资金，与工人们共同承担所有风险，为大伙儿解决各式各样的大量问题，试图克服重重危机！

终于，在1897年冬天，一家钢铁公司向这座矿场订购了一万吨的铁！

这笔天大的生意，给了当时已亏损连连的爱迪生莫大的激励！

因此，他让他的奥格登宝贝，以最大的产量运作，并挖空了整座矿山！

只是，那年冬天可谓绝无仅有的严寒气候，却异常严重地阻碍了生产进度，也同时增加了成本！

这致使爱迪生终在笼罩全美的经济不景气中，于自己的"奥格登宝贝"这无底洞，耗尽了他所有的资金！而且，噩梦并未就此终止！

包括传动装置折断、轴承烧坏、电梯塔倾斜、电缆断裂、人与机器冻僵等事故，仍持续发生！

最后，面对自己无从想象的可怖前景，这位过去永不承认失败的人，终究还是低头承认：这回，自己确实失败，必须放弃。

"我崩溃了！我投身其间几近十年，损失了足足300万元以上！将这矿场剩余的设备售出，刚好可偿清我所有的债务！"

这是事后爱迪生告诉一位朋友的话。

每读到这则逸事，我常想，若是爱迪生自始至终，都不肯诚实地面对、承认自己的失败，那么，整件事，会演变成什么样子？

往往，我们每个人的言行举止，便是我们自己命运的主宰。

而一个恪守诚信之道的人必定深深了解：做到为一己言行举止负责的诚信，也正是为自己命运前进的方向负责！

有一位旅行者，在经过了漫长的旅程后，感到极为疲惫。

他便在一条小溪畔躺了下来，想休息一下。

可是，他躺下的位置，却不偏不倚，离那潺潺流动的溪水，仅有一寸之隔！

此时，命运之神忽地出现，并将这人从睡梦中唤醒！

命运之神严正地对这位旅行者说："先生，请你快点醒来吧！如果你在此跌进河里，大家又会怪我不好，而我在人世间，也将因此再显恶名昭彰——因为，人们总习于将自己遭遇的灾祸，尽皆归咎于我；但事实上，有许多祸事，都是他们自己招致的呀！"

"我们必须诚实地、责无旁贷地做好该做的工作。不论我们期望有一天能成为天使，或是我们自认源于蛞蝓，都没有关系。"

常常，读过这则故事后，我都会想起英国作家兼评论家鲁斯金生前留给我们的这句话。

诚信者的永恒信念

　　我们必须诚实地、责无旁贷地做好该做的工作。不论我们期望有一天能成为天使，或是我们自认源于蛞蝓，都没有关系。

莫忘对人世的信、望、爱

若是期许不同，抑或感觉不再，无法再如当初相约那样，携手缓缓漫步人生，何不婉转或直接提出？反以众多根本莫须有的理由，径行遮天掩地？你岂会不知，欺瞒造成的哀伤、恐惧与疼痛，只可能更甚？

多年前，曾经我深深爱过一个他。

只是，那个爱着他的我，当时，毕竟无能察觉我们两人的步履，竟将我们带向两个迥然相异的未来！

当离别的那一刻，终于无可避免地到来，我只能独自合上双眼、泪如堤决；同时，无言地、紧紧密密地，闭锁自己。

"若是期许不同，抑或感觉不再，无法再如当初相约那样，携手缓缓漫步人生，何不婉转或直接提出？反以众多根本莫需有的理由，径行遮天掩地？你岂会不知，欺瞒造成的哀伤、恐惧与疼痛，只可能更甚！"

"时常暗觉最初的约定，恍若已日渐分崩离析的我，长久以来的默不作声，是不是只是以种种粉饰太平的甜美假象，安慰似的欺骗自己？"

一次又一次，瑟缩在黑暗中的我，在背离的利刃于心中狠狠穿刺而过的伤口，自行洒上一撮撮疑问结晶而成的盐。

所以至今，我一直都万分感谢两位彼时不曾、更不肯弃我而去的挚友！

"我们是朋友啊！不是吗?!"那段时间，从不曾间断地陪伴、接纳着对人世几近绝望的我的她们两位，总是这样对我说。

要对这人世存有多大的信任，才能持续地牢牢守护彼此作为朋友的约定，并不断付出呢？

"人生中，有一个非常不可思议的地方，那就是——相信别人会引导我们。没有了这信任，我们只能一边摸索，一边踏着蹒跚的步伐，走向自己的道路；但若有了它，我们便能无往不利。"

我的这两位挚友，以她们的言语和行动，切切实实地，在 21 世纪的现实世界里，印证了歌德这句古老箴言！

我常想，倘使不是她们，犹如亘古闪耀的恒星，无论何时何地，都毫不吝惜地，给予我满溢温暖与信心的情谊，或许，自那之后的我，终究无法面对那已成事实的残酷现实，并从中再一次地、一点一滴地，重新相信这冰冷的人世间，真的有所谓信念、希望与爱的存在！

而若没有了对这人世的信、望、爱，"诚信"又该如何在我们心中，觅得属于它的立足之地呢？

早年即已相识的管仲与鲍叔牙，曾是生意上合作的伙伴。

由于鲍叔牙家中，经济相当宽裕，是以每每在合作投资时，鲍叔牙总会多拿出一些资金，好让一贫如洗的管仲一家大小，生活不致因投资生意而落入窘境。

只是，在他们的生意步上轨道，并顺利赚进些许盈余后，投资金额较少的管仲，竟较投资比自己多的鲍叔牙，拿走了更多的钱！

鲍叔牙的手下眼见这种情形，纷纷为鲍叔牙感到十分不平！

他们甚至当着鲍叔牙的面，厉声指责管仲"趁机揩油"！

但鲍叔牙听了，却为管仲反驳道："不！不是这样的！管仲家境不好，他家里，总是等着他赚了钱来用，所以，我乐意多分点钱给他——朋友嘛，总应相互帮助的，不是吗？"

后来，鲍叔牙与管仲一起从军。

在军中，管仲总在遇上战事时，极尽可能地排在众人之后；而当战事结束，他又总是抢先众人、快快溜之大吉！

这样的行径，没多久，又为管仲招来"贪生怕死"的非议。

此时，鲍叔牙又挺身而出，为管仲分辩："谁说管仲是贪生怕死之徒？他之所以如此，全是为了保全自己的生命，好侍奉在家中等待他的母亲啊！老实说，我认为，像管仲这样勇敢的人，真是天下少有呢！"

之后，管仲与鲍叔牙，分别扶助在政治上处于敌对的公子纠与公子小白。

两位公子的对峙，终以"公子纠兵败"为结局落幕。管仲也因而沦为阶下囚。

当登上齐国国君大位的公子小白，正准备下令赐死管仲之时，作为公子小白幕僚的鲍叔牙，又为管仲开口："从前，管仲身为公子纠的部属，当然帮着自己的主公；可事实上，论本事，管仲要比我强得太多！主公若能让管仲为您效力，我相信，他准能为您立下大功！"

公子小白听了鲍叔牙的劝告，便决定拜管仲为相。

是以日后，管仲总再三感叹："哎！生我的人，是我的父母；但真正了解我的人，却只有鲍叔牙啊！"

每念及鲍叔牙对待管仲的方式，常让我想到两句托尔斯泰的话：

"不论做任何事，都应该充满爱心。"

"生命的目的，是以所有的形式去表现爱！"

有信念、有希望，然后，对这人世的爱，才会在我们心中油然而生。

而若真正拥有对这人世的爱，这，也才足以支持我们，以不掩真心的诚信之道，面对所有与我们紧紧牵系的人际关系呀！

我无法想象，倘使这世间终有一日，全然失去了信、望、爱的时刻，仍无可脱逃似的到来，亲人、情人、友人……所有的人际关系，将会变成什么模样？

"破镜重圆"这句成语的由来，正恰如其分地说明了这其间的关系。

六朝时，陈国因国君沉迷酒色，国势渐衰。

隋文帝杨坚见有机可乘，便率兵准备攻下陈国！

陈国公主乐昌的丈夫——太子舍人徐德言眼见陈国必亡，某日，他便拿了一面镜子，并将它打破成两块！

然后，他将其中的一半交给妻子，自己则收妥另一半的镜子。

他深情款款却难掩哀伤，对妻子说道："我们约好：万一由于这场战争，我们两人真的就此失散，以后，每逢元宵那天，我们就带着自己手中持有的那半面镜子，到市场里面去叫卖。如此，我们俩或许还有团圆的机会。"

当隋文帝进攻陈国时，徐德言与乐昌公主夫妻两人，果真不幸失散，各自流离他方。

待征战平息，乐昌公主便依着自己与丈夫的约定，每逢元宵，就带着丈夫那时交与自己的半面镜子，到市场里去卖。

年复一年……

终于，某一年，她在元宵节的市场里，与也在那儿叫卖自己手中那半面镜子的丈夫相遇了！

老子说："信不足焉，有不信焉。"

纵然曾经历诸多忧伤，但也不时由友人处感受人世温暖的我仍相信，只要我们都肯以诚信待人，这世上的悲剧，虽总不时发生；然而，出现概率不曾因之稍减的喜剧，也将在同一时刻，仍永不休止地，在这世间的每个角落上演着！

诚信者的永恒信念

　　我仍相信，只要我们都肯以诚信待人，这世上的悲剧，虽总不时发生；然而，出现概率不会因之稍减的喜剧，也将在同一时间，仍永不休止地，在世间的每个角落上演着！

CHAPTER 2
顺性而为自在逍遥
——诚信的重要

在世间畅行无阻的通行证

　　无论是我们的言语或行为，倘若是背离真实的虚伪假象，迟早，定会被揭穿，而且，若是我们一直都仅以假象示人，有一天，当自己终于表现出真实的一面……那时，却再也不会有人愿意对自己付出"相信"了！

　　"你们说，广告里说的，到底是真话？还是假话？"

　　还是置身在校园的时候，一次，某位由老师请来课堂中演讲的讲者，在走进教室站定的刹那，随即开口问了大家这个问题。

　　当下，对此略显错愕的同学们开始交头接耳、议论纷纷。

　　"在广告传达给消费者的信息里，虽会将产品的优点或多或少加以放大；然而，能这么做的前提是——该产品真的具有这优点！"

"若非如此，广告岂不成了欺骗消费者的道具？"

"而且，想想看，即使某则广告以骗术侥幸地成功一次，但未来的某一天，当消费者们终于揭穿了这则广告中的骗局且决定从此不再受骗时，这产品还可能在市场上继续存活吗？"

至今，我始终觉得那位讲者所言，虽是做广告的基本原则，可这道理，也与我们在这世上立身处世的根本毫无不同呢！

倘使为人处世不符诚信之道，我们存活于这世上的每一天，如何能坦然地面对与自己相遇的每一个人呢？

有一个牧羊的孩子，在自己所居的村落附近看守着一群羊。

某天，正守着羊群的他，忽然感到百无聊赖、无趣至极。

于是，他便动了动脑筋，想了个主意。

不一会儿，只见这个放羊的孩子，在脸上装出万分慌乱的神色，然后，对着村里大声叫嚷道："救命啊！狼来了！来人啊！谁快来帮帮我，赶快把羊给救出来啊！"

听到这孩子惊慌失措的叫声，村人们自是义不容辞，一个个赶紧带着棍棒，跑向那孩子放牧之处。

只是，当村人们赶到那儿，却只见那放羊的孩子，正对着自己笑得上气不接下气、完全直不起腰来！

村人们得知自己受骗，只得悻悻然地默默转身，走向村里。

第二次、第三次……

一连四次，这个放羊的孩子一次次故技重施；而善良的村人们，也一次次受骗。

没料到，不久，狼——真的出现了！

放羊的孩子眼见这回真的有狼出现，不禁满怀惊惧地第五次放声大叫道："快点！大家赶快来帮我啊！狼在吃羊了！"

可是，有了四次被骗的前车之鉴，这一回，村里再也没有任何人，肯将这孩子的呼救信以为真。

当然，这次，即使这放羊的孩子喊得声嘶力竭，也没有人愿意来助他一臂之力了。

最后，这个放羊的孩子，只能眼睁睁看着那只无所顾忌的狼，安安稳稳地，一口口将所有的羊咬死。

一如这个众人自小耳熟能详的故事所指，无论是我们的言语或行为，倘若是背离真实的虚伪假象，迟早，定会被揭穿！

而且，若是我们一直都仅以假象示人，有一天，当自己终于表现出真实的一面。

那时，却再也不会有人愿意对自己付出"相信"了！

当人与人之间的"信任"在那一天尽皆毁于一旦，想再重建，恐怕，就得花上一番甚是旷日持久的功夫，且不见得有所成效了吧！

与其如此，何不一开始，即时时以真心诚意待人？

此所以古人说"人无信而不立"。

诚信者的永恒信念

当人与人之间的"信任"在那一天尽皆毁于一旦，想再重建，恐怕，就得花上一番甚是旷日持久的功夫，且不见得会有成效了吧！

轻松维系人际关系

我常疑惑：何以人们总说"年纪愈大，愈难交到推心置腹的好友"？

倘使我们终其一生，都秉持诚信之道待人处世，这，怎么可能？

知名的美国小说家马克·吐温家隔壁，住了位富有但却待人傲慢无礼的银行老板。

一回，马克·吐温写作时，急着想找到一本参考用书。

只是，他心知肚明：那本书，实在非常不易找到。

心中为此犹如热锅蚂蚁的马克·吐温暗忖："这附近，恐怕只有像邻居银行老板家里，拥有那么大的藏书室的人家，才可能有那本书吧！但，那位仁兄可能出借他的书吗？"

由于急需此书，无可奈何的马克·吐温只得硬着头皮，逼自己到隔壁去尝试借书。

"哦！你要借这本书啊?!"听了马克·吐温的来意，银行老板随即皱起眉头，满脸为难地说："我是有这本书。可是，这本书珍贵得很，万一你借走后弄坏了的话，该怎么办呢?"

马克·吐温立刻答道："请您放心，我一定会很小心地读这本书!"

"虽然你这么说，不过，我还是不放心……"银行老板依然迟疑着。

"先生，请您帮帮忙，我真的很需要这本书!"马克·吐温再度恳求对方。

"那么……这样吧!"至此，银行老板才极其勉强地说，"我的书，向来绝不外借，所以，你要借阅的话，只能在我家里读!"

马克·吐温心里，虽对银行老板如此不信任彼此作为近邻的自己，感到极为难过，但心急如焚的他，也只能无言以对地依着银行老板的要求，在那儿读完那本书。

后来，无巧不巧，有一次，银行老板家里的剪草机坏了！

银行老板便信步走到马克·吐温家，开口向马克·吐温借剪草机。

"我家里的剪草机比起府上的，要差得多了。您如果不嫌弃，就请拿去用吧！"马克·吐温一如平日，温文有礼地回答银行老板。

"唔——"银行老板拿起剪草机，看了看，说："你这剪草机是差了点。不过，这不碍事。"

当拿着剪草机的银行老板正准备转身走回家，马克·吐温却忽地又发话——

"可是……"他对银行老板微微一笑，说道："由于我家的剪草机从不外借，所以，只好请您委屈一下，在我家的草坪上使用它吧！"

"啊?!"银行老板听到马克·吐温所言，不禁想起上回他来向自己借书的事，霎时涨红了脸！

"开玩笑的啦！我们是好邻居，不是吗？既是好邻居，就该相互信任、相互帮助呀！"马克·吐温见此，便以轻松的语调，对杵在那儿的银行老板这么说。

如此一来，原即面红耳赤的银行老板，对自己过往的行径更感惭愧了……

此后，只见那位银行老板的待人处世，再也不复以往！

西谚有云，"你要别人如何待你，你就要如何待人"。以此言为这则逸事的注脚，真是恰如其分！

无论彼此身为邻居、朋友、情人、家人、同事、师生……若自己想被人们的真心诚意围绕，自己便先得如此对待身旁的人们才是呀！

只不过，这份待人的良善心意，不正是后来被置身现实世界，常仅处处顾及自己权益的我们，早已遗忘许久的事？

倘若长此以往，是不是，不再诚信待人处世的我们，都将孤独以终？

唯衷心与人诚信相待，我们才能毫不费力地，紧密维系住围绕于我们身旁的每一份人际关系，且永远不怕没有朋友！而那时，我们将不再孤单。

每念及此，我便想起一句谚语——"真诚是唯一流通各地的纯正货币。"

诚信者的永恒信念

真诚是唯一流通各地的纯正货币。

花花世界，来去自如

物欲也好，情欲也罢。有多少时候，我们总因种种理由，而不愿、不敢，甚至是忘了说"不"，来拒绝那些掩盖了真相的人、事、物？

前几天，和许久不见的朋友相约。谈天说地中，听她谈及刚上小学的孩子的点点滴滴。

"你知道吗？这个孩子，现在回到家，常会闹着说：'人家我们班×××都有什么什么，所以，我也要！'唉！实在不晓得这孩子，到底是从哪学来这套的！也不想想大人赚钱不易，这也要、那也要，怎么得了。"

"可是……"听完朋友的话，我略为不解地反问她，"这种'因为别人都有，所以我也要'的心态，不是所谓已然成人的我们，也常有的吗？"

原本气呼呼的朋友听了我的疑问，不禁点了点头，陷入默然。

成人也好，孩童也罢，若我们都能诚实地凝视自己心中真实的意向，以及这世上所有的真实面向，我们便不会在这欲望四处流窜的花花世界里，轻易迷失自己！

在美国马萨诸塞州，有位州长正竭尽全力角逐连任。

某日，由于前去拜会某位地方大佬，这位州长不慎错过了自己的午餐；以致当天，马不停蹄的他，直到晚上去参加某公司举办的宴会，才终于有机会进食。

可想而知，肚腹唱了大半天空城计的他，此时早已饥肠辘辘！

于是，一走进会场，他便迅即拿起餐盘，快步走向置放食物的桌前。

侍者见状，便也赶紧夹了一块鸡排，放在他的餐盘上。

难忍饥饿的州长看了看盘中这块唯一的鸡排，忍不住吞了几口口水，满怀期待地开口问侍者："请问，你能不能再多给我一块鸡排？"

没料到，侍者泼了这位州长一盆冷水："抱歉，依规定，一个人只能拿一块。"

听了侍者的回答，这位州长不禁怒火中烧，大声斥道："你不认识我吗？我是掌管这个州的州长耶！"

"我当然晓得你是州长！"侍者理直气壮地说，"不过，现在，这些鸡排归我管，所以，即使你是管理整个州的州长，也不能多拿！"

显然，这位惑于虚名的州长，忘了些什么。

物欲也好，情欲也罢。有多少时候，我们总因种种理由，而不愿、不敢，甚至是忘了说"不"，来拒绝那些掩盖了真相的人、事、物？

没有勇气拒绝诱惑的我们，总因而放任自己的生活、生命，被那些（事实上，大半是过多的）欲望给吞噬。

而那个失去面对真我与认知能力且身陷欲望泥沼中动弹不得的自己，又如何可能在这世上活得轻松，活得愉快？

在狼群的国度中，一回，出现了一只在气力、身材、行动敏捷度等各方面，都超越族群里其他同伴的狼。

因此所有的狼都同意：要以"狮子"的封号，来赠予这只狼。

然而，这只得到"狮子"封号的狼，以为自己从此真的成了狮子！

因此，不久后，它便独自离开狼群，准备前往加入狮群。

一只狐狸眼见此事，忍不住在那只狼出发前，语重心长地对它说道："希望将来的我，不会变得如你这般骄傲自大！因为，在狼群中的你，固然像极了狮子，但，在狮群中，你仍是一只货真价实的狼啊！"

所有的真实，终究无可窜改。

所以，勇敢地面对不一定美好的事实真相，并大大方方地诚实承认它，不是肯定了自己的价值，同时，也让自己的日子过得更加自在、更加快活吗？

无怪乎歌德要提醒我们："现在立刻面向内心吧！你可以在这其中，看出不容置疑的高贵精神。你绝不会在那里，迷失所有的规则，因为自立的良心，就是你道德生活的太阳！"

诚信者的永恒信念

现在立刻面向内心吧！你可以在这其中，看出不容置疑的高贵精神。你绝不会在那里，迷失所有的规则，因为自立的良心，就是你道德生活的太阳！

一举一动，不需张狂

　　置身人际接触异常频繁的世界，"适度改变自己"固然有时确有必要；可若自己原就不是个话匣子总关不住的人，何苦地为了诸如"必须以飞短流长赢得同事赞赏"这类理由，而彻彻底底改变自己的原貌，装成另一种全然不是自己的模样？

　　虽然已是很久以前的事，不过，至今，我仍记忆犹新。

　　当时，身为上班族的我，在那份工作本身的繁重及其所带来的疲惫之外，常常，总在回到家后，最最令自己感到劳累不已的，却是：身在办公室的我，必须无时无刻戴着一张与自己面容迥异的面具！

　　这么做的唯一理由，是——在那儿，每天往往得共处 12 小时以上的每一位同事，惯以待人处世的方式，实在与我过往断断续续遇见过的人们，都大相径庭！

但是，由于想与刚刚相识的同事们好好相处，我便让自己戴上了一张依他们模样打造而成的面具，并期盼终有一日，这面具可化为自己的面容，让自己能自自然然地，融入他们。

然而，正应了"江山易改，本性难移"这句老话。终究，我无法改变自己与生俱来的天性，硬生生成为一个连自己也不再认识的人！

因之累极了的我，最后，仍选择离去。

再一次，我警觉到：所有有违诚信之道的虚假情事，最终，仍无法在这世上长久留存！

一个到国外四处游历的人，这一天，回到了他的祖国。

当他放下行李、见到了他的亲朋好友们，他便开始极尽夸张地，向众人诉说自己在每一个所到之处，所成就的种种奇特、英勇的事迹。

"……对了对了！差点忘了告诉你们，"才口沫横飞地说完前一段经历，他马上又接着说，"我在罗兹地方的时候，有一次，曾打败当地的所有人，创下全新的跳远纪录呢！你们不信的话，可以请当时在场目睹的人，来为我做见证！"

听到这儿，一个在旁围观的人，忍不住打断了他的话，说："若你所言句句属实，那么，根本无须见证人！只要你将这儿当作是罗兹地方，再度试着跳跳看，这，不就成了？"

装得再像，毕竟，还是"装"的。

这假象，迟早会被真实戳破、现出原形！

我常在想，置身人际接触异常频繁的世界，"适度改变自己"固然有时确有必要；可若自己原就不是个话匣子总关不住的人，何苦地为了诸如"必须以飞短流长赢得同事赞赏"这类理由，而彻彻底底改变自己的原貌，装成另一种全然不是自己的模样？

因为，对某一信念，若不是发自真心诚意的相信，自己在其间所展现的言行举止，又怎能令人信服？

美国总统亚当斯在卸任后，决定前往英国剑桥大学，去探望他的朋友史库里教授。

剑桥大学见机不可失，在亚当斯抵达剑桥大学后，便立刻对他提出为全校师生演讲的邀请。

由于校方诚挚、热情的邀约难以推托，亚当斯只得以"早起的好处"为题，即席发表一段演讲。

演讲结束后，亚当斯便信步走到史库里教授正在授课的班上去听课。

听着听着，没多久，亚当斯竟沉沉睡去。

这时，史库里教授毫不容情地，对在座听课的同学们说道："各位，请看，这就是早起的坏处！"

倘是连自己都无法信服的事，又何必付诸行动与言语呢？

一个为人处世遵循诚信之道的人，绝不需强迫自己，去迎合那些有违诚信之道的人事与信念！

诚信者的永恒信念

倘是连自己都无法信服的事，又何必付诸行动与言语呢？

可自然通过"真实"的试炼

　　记得歌德曾在与米勒的对话中，提及"人应接受每个人与每件事的原义，此所以人必须走出狭隘的自我；而这同时也是人们将从中感到更加自由，以及再一次回归自己的原因"。

　　印象中，"东床快婿"这句成语的由来，有段颇为有趣的典故：

　　王羲之16岁那年，当时的太尉郗鉴，恰巧想为自己美丽且知书达礼的女儿，找个门当户对的女婿。

　　于是，郗鉴就派遣使者来到王家。

　　王家的子弟们得知此事，个个都想成为郗府的乘龙快婿。

　　是以当郗鉴指派的使者走进王家，只见王家子弟们，每一个都矜持万分地正襟危坐；而他们的言谈举止，也都较之平日，显得异常不自然。

"……当时，王家的众位子弟中，只有一个人仍神色自若地，独自盘坐在东边的床上，旁若无人地袒腹嚼饼。"回到郗府后，那名使者向郗鉴报告王家子弟们的表现。

没想到，郗鉴听了，竟欣喜若狂地说："是了！那位毫不矫揉造作的王家子弟，正是我心目中的佳婿！"

郗鉴当下便择定吉日良辰，将女儿嫁给了王羲之。

每念及这段逸事，我常不禁联想起另一则载于《庄子》的故事：

一回，庄子去谒见鲁哀公。

可当鲁哀公一见到庄子，他便以嘲讽的语气对庄子说："我们鲁国多的是儒士。所以，先生您恐怕很难在这儿，找到道家的门徒哟！"

"不！鲁国的儒士其实很少！"只见庄子不慌不忙地，以坚定的语气反驳鲁哀公。

鲁哀公哈哈大笑，又说："您没看到吗？我们鲁国，处处都是身着儒服的人呢！如此，鲁国的儒士，怎能说是'少'呢？"

听了鲁哀公的话，庄子只淡淡地对他说："我曾听闻，儒士佩环冠，乃用以象征天圆，意谓儒士知天时；

穿句履，则象征地方，代表儒士知地形；而衣带上挂玉玦，是取其与'决'谐音，指儒士遇事善于决断。可是，拥有这些能力的人，不一定必得身着儒服；反之，穿着儒服的人，也未必一定懂得这些道理呀。"

鲁哀公听完，仍满脸写着不以为然。

庄子见状，便再对鲁哀公说："若是大王不相信，那么，就请您通令全国：凡是不懂天时、地形与决断，却身着儒服的人，将一律处以死刑！"

当鲁哀公真如庄子所言，颁下了这道通令，5 天后，鲁国境内，就再也见不着任何一个身着儒服的人了！

所谓"真的假不了，假的真不了"，意即为此。

记得歌德曾在他与米勒的对话中，提及"人应接受每个人与每件事的原义，此所以人必须走出狭隘的自我；而这同时也是人们将从中感到更加自由，以及再一次回归自己的原因"。

可惜，往往在现代生活中，我们总不自觉地，便为种种风潮煽动的欲念所惑，并常因而丧失真实的自己。

然而，所有与真实背道而驰的伪装，终究无法经得起考验！

所以，面对选婿，王羲之仍大大方方地，展现自己原本的样貌；而诸多假儒士，则只消鲁哀公的一纸禁令，便被吓得自此不敢再穿上那袭（事实上并不属于自己的）儒服。

　　是的，唯不作假的诚信之人，能轻而易举地，便通过真实给予我们的一切试炼！

诚信者的永恒信念

　　往往，在现代生活中，我们总不自觉地，便为种种风潮煽动的欲念所惑，并常因而丧失真实的自己……

　　然而，所有与真实背道而驰的伪装，终究都无法经得起考验！

活得无忧，活得怡然

在置身某些左右为难的情境时，我也常不免明知自己面临危险，却仍不肯实事求是地表现出自己其实极想回绝对方的心意……

数月前，一位急得如同锅边蚂蚁的朋友，临时托我在 10 天内，帮忙完成一本书的编辑工作。

但是，当那份稿件送抵我手中，循例先行翻阅数页稿件的我，却不禁被吓出一身冷汗！

"这种稿子，应退稿重译吧！而且，这么厚，要在 10 天内完成编辑工作，怎么可能？可是，朋友的时间也很紧迫哪！怎么好意思开口，说希望他能给我宽裕些的时间？但若不明说，到时倘无法如期完工，甚至做得七零八落，又该如何是好？"

忧心忡忡的我，辗转反侧了一整晚……

隔天，终于，我还是硬逼自己向朋友说明原委，并请他在不致延误进度的前提下，尽可能延长我的工作时间。

幸好，朋友没考虑太久，便答应了。这使得大大松了口气的我，得以安心、愉快地竭尽全力完成这份工作。

这使我更加确信：一个待人处世遵循诚信之道的人，必定能因心中没有任何（事实上，本就不需有的）挂碍，而在自己生命中的每一天，都活得无忧、活得怡然。

某年初秋，吴王乘船顺江而下。

沿途，两岸猿声不住此起彼落。吴王一时心血来潮，便想去捉猴子。

山上的猴子们一见人迹出现，随即纷纷逃走。只有一只猴子，仍留在原处。吴王见此，立即命人活捉这只猴子。

只是，这只猴子动作十分灵巧，任谁也捉不住它。

后来，吴王忍不住亲自张弓向它射去！

可这只猴子不但敏捷地左闪右躲，还刻意表演特技似的，将吴王射向自己的箭一支支抓在手里。

正当这只猴子为此得意万分、霎时忘了躲藏之际，吴王连忙下令，要卫士们以乱箭追射它！

　　这只不知孰轻孰重的猴子，自是无从躲过这片如雨纷飞般朝自己射过来的乱箭。

　　每读到这故事，常常不好意思直接拒绝他人请托的我，总要自问：是不是在置身某些左右为难的情境时，我也常不免明知自己面临危险，却仍不肯实事求是地表现出自己其实极想回绝对方的心意？

　　长此以往，悖离了诚信之道的我，下场是否将不仅与前一则故事里的猴子如出一辙，也将犹如后一则故事中的另一只猴子。

　　有位水手某次出海远行时，带了只猴子同行。

　　可当这艘船驶离希腊海岸不久，海上却倏然起了狂风大浪！

　　这艘船，不幸在风浪中沉没。

　　一只恰巧游到附近的海豚，见着了与水手同行的猴子，正在波浪中挣扎；向来乐于助人的海豚，以为那猴子是人类，便游到猴子身旁，让他坐在自己背上，准备将他送返雅典。

　　待他们在海中已能望见雅典城时，海豚问猴子："你是雅典人吗？"

　　"是的！我是雅典城里的世族后代！"猴子对海豚撒了个弥天大谎。

"那么，你一定知道派雷亚斯（一个雅典的著名海港）喽?"海豚继续问。

猴子以为"派雷亚斯"是人名，便答道："当然知道啊！我们两人是好友哩！"

听到这话，海豚立刻知道自己受骗了。

愤怒至极的海豚，当场决定拂袖而去，让欺骗了自己的猴子，在汪洋大海中自生自灭。

当我们的待人处世离诚信之道愈来愈遥远，最终，受害者仍是不再真实的我们自己。

一如当时完成朋友交托的工作后，我常想：当初，若我没向朋友坦承实情，会不会，我便因而一直陷于焦虑不安，既无法维持工作品质，同时累垮自己？

的确，唯除却弥漫于一己真意之前的种种恐惧与欲望、让自己重新踏上诚信之途，我们方能再次品尝生活的愉悦。

无怪乎《法句经》有言："战胜自己要比在许多战役中打败千百人更值得骄傲。在战场上获胜的人，仍可能在下一场战役中被击败；但战胜自己的人，则已获永远的胜利！"

诚信者的永恒信念

　　战胜自己要比在许多战役中打败千百人更值得骄傲。在战场上获胜的人，仍可能在下一场战役中被击败；但战胜自己的人，则已获永远的胜利！

一把带来和谐的秘钥

> 人们难免自私。所以，无论是"了解"或"认清"，我们都得为自己，掀开那一层层常覆于"真实"前方的迷蒙薄纱！

总觉所有的"不实"，正是引起这世上诸多人际纠葛的要因之一。

所以，希腊神话里，才有了这样一个故事。

因故隐居于普洛托斯王宫中的柏勒洛丰，拥有英挺的外貌，以及无人可比的勇气，深深地吸引了安忒亚——普洛托斯王的妻子。

然而，柏勒洛丰选择以"冷淡"，来回应安忒亚的示好，这，却使得安忒亚大为光火！

于是，某日，安忒亚便借机向普洛托斯王诬告，说身为客人的柏勒洛丰打算侵犯她；她并哀伤地要求丈夫，必须为她重重惩罚柏勒洛丰！

极易信人不疑的普洛托斯王未经细察，就听信了妻子的谗言。

但是，天性温和的普洛托斯王，又不愿暗杀来客。

因此他用密码写了封信给自己的岳父——统治小亚细亚吕喀亚的伊俄巴忒斯，同时请柏勒洛丰为自己将此信送抵岳父手中。

在这封信里，普洛托斯向伊俄巴忒斯说明安忒亚所言，并请岳父依她所愿，将送信人处死！

不过，以持续整整七天的盛宴，来热烈地欢迎柏勒洛丰的伊俄巴忒斯，却直到第八天，才拆阅普洛托斯写给自己的信。

也同样不愿杀害来客，但又不想有负女婿所托，因而深感困扰的伊俄巴忒斯，便想出了一则借刀杀人之计——他请求柏勒洛丰为他除去长久骚扰吕喀亚的怪兽喀迈拉。

对这些全不知情的柏勒洛丰，为了感谢伊俄巴忒斯的丰盛款待，便十分乐意地应允了。

而且，出人意料的，这只拥有狮头、羊身、龙尾，口中并不时喷出熊熊烈火的怪兽喀迈拉，竟轻易地被柏勒洛丰的长矛，一举刺穿而死。

对此目瞪口呆的伊俄巴忒斯，虽想就此打住自己借刀杀人的计谋，但他又无法弃普洛托斯的请托于不顾。

伊俄巴忒斯只得一次次请求柏勒洛丰，为他前去与众多野蛮民族作战！

可是，总不辱使命的柏勒洛丰，却一一完成了伊俄巴忒斯交付自己的任务，平安地回到吕喀亚的宫殿。

经过了一次又一次的试炼，眼见柏勒洛丰所作所为光明正大的伊俄巴忒斯，不免对普洛托斯信中所指，开始心生怀疑。

最后，他终于决定亲自开口，向柏勒洛丰问个明白。

经过仔仔细细的询问，至此，伊俄巴忒斯才揭穿了柏勒洛丰受谗的真相。

想想，如果安忒亚不曾隐藏自己求爱遭拒的事实，也未因而以谗言欺骗她的丈夫普洛托斯王；如果普洛托斯王，不曾如许轻易听信妻子的谗言；如果……

如果可以没有这些虚假不实的"如果"，是不是，这许许多多的纷扰，就不会发生？

记得歌德曾说："如果每个人各自了解自己的本分，也认清他人的利益，永远的和平当可一蹴即成。"

人们难免自私。所以，无论是必须"了解"或"认清"，我们都得为自己，掀开那一层层常覆于"真实"前方的迷蒙薄纱！

　　当我们能够毫无欺瞒地让自己抛开虚假的屏障，坦然面对所有事实真相，我们原即平静无波的爱情、生活与工作，便不会无风起浪似的，在原有的和谐氛围中，平添许多无谓纠纷。

诚信者的永恒信念

　　如果每个人各自了解自己的本分，也认清他人的利益，永远的和平当可一蹴即成。

享受"活在当下"的喜悦

上个礼拜，偶然有机会与一位初识的朋友聊天。

当她得知我是在家工作的文字工作者时，立刻满是赞叹地对我说道："你一定是个很有纪律的人！"

"啊？为什么？"全然不解对方何以迅即做出这评断的我，不禁感到一头雾水。

"像我在家里，总是东摸西摸，一会儿看看电视，一会儿吃吃零食，一会儿还会去做做其他杂事，实在很难静下心来，专注地做些什么。"

"这样啊……"仍不觉自己如她形容的那样"很有纪律"的我，只得很不好意思地对她说明，"你说的那些状况，我不但也有，而且，我还颇乐在其中呢！只不过，由于我十分清楚自己的身体，绝对禁不起熬夜赶稿的'摧残';那么，何不干脆要求自己乖乖地，诚实面对，计算工作分量与自己体力能承受的负载程度，在这些玩乐情事之外，尽可能每天都挪出一段工作时间，并在那段属于工作的时间里，毫无怨尤且心无旁骛地写稿？"

我总认为，倘使这真是自己的职责所在，倘使自己的健康状况真的不尽如人意，这些事实，正是我怎么也无可脱逃的，不是吗？

那么，与其蒙住双眼，假装视而不见似的逃避，不若明明白白地看清当下的一切，并且，活在这其中，享受它。

这，才是诚信之道呀！

只可惜，不愿诚实面对酷寒现实的我们，常常过不了"自己"这一关。

一回，孟子问齐宣王："您有个臣子，将妻儿托给朋友照顾后，便前往楚国。但待他回到家，却赫然发现自己的妻儿正在挨饿受冻！请问大王，您觉得他该如何面对这样的朋友？"

齐宣王果断地回答："和他绝交！"

孟子又问："如果有个主掌刑罚的官员，无法将自己的部属管理好，您认为这应如何是好？"

齐宣王简单扼要地答道："撤换他!"

"那么,假如有一个国家治理得非常不好,那么,又该怎么办才好呢?"孟子再问。

听到孟子的这句问话,齐宣王随即开始左顾右盼,并想方设法,巧妙地移转了话题。

是不是我们也常如齐宣王这般,只要说到"自己",便总惯于文过饰非?

如此,距离真实的自己,以及自身所在的当下情境,只会愈来愈遥远的我们,真的会活得尽兴、快意、零负担吗?

有一只穴鸟,见到被养在饲棚里的白鸽,总是有许多食粮,从不需为觅食发愁,他便决定要将自己染成白色,混入白鸽群中。

"这样,我就可以分享他们丰富的粮食了!"这只穴鸟在心里暗暗打着如意算盘。

起初,这只混入白鸽群中的穴鸟从不作声。这使得白鸽们误以为他是新来的伙伴,便让他进入饲棚。

但有一天,这穴鸟得意忘形,竟开口说了几句话!

由此发现了穴鸟真面目的白鸽们,便怒气冲冲地将他赶了出去。

无法在白鸽群中觅得容身之处的这只穴鸟,只得再回到穴鸟群里去。

可他的穴鸟同伴们，因不识得浑身雪白的他，正是自己的同族，便也将他赶出，不让他同住。

最后，这只穴鸟只得独自承受这"两头空"的下场。

一个真正遵循诚信之道度日的人，是绝对不会放任自己为私欲蒙蔽，而枉顾真实情境、弃"享受当下"的喜悦于不顾的。

"人们并不知道'现在'的价值极高，也不知道这其中存在的意义。但人们却渴望未来舒适的日子，并与自己的过去胡闹似的，粉饰着各种状况。"

每念及歌德留下的这句箴言，我总提醒自己：得看清自己当下该扮演的角色，并毫无怨尤地扮好它，才是诚信之道呀！

诚信者的永恒信念

　　得看清自己当下该扮演的角色，并毫无怨尤地扮好它，才是诚信之道呀！

CHAPTER 3
坚强的信念——诚信的力量

拥有无畏检验的美好人品

所谓"真金不怕火炼",倘使我们的言行举止从不作假,也从不违逆自己的真心,我们又何须畏惧——畏惧友人与爱侣终将离自己而去,畏惧所有曾被长久掩饰的事实摆上台面?

一位相识数年的朋友在亟欲恋爱、结婚,但感情世界却总是一片空白的多年后,终于,身边出现了一位热烈的追求者。

朋友自是欣喜若狂。

其他友人与我眼见她的欢喜,自然也为她感到很是高兴。只是,渐渐地,作为她多年朋友的我们,却也同时感受到她的性格,正在明显质变中。

仿佛,追求者现身后的她,再也不是我们过往所认识、喜爱的那个开朗、明理的女子,而慢慢成了一个骄傲、目空一切的人！

甚至，一回，在聚会时，大伙儿正巧聊到座中两位从未正式交过男友、且当时仍未传出恋情的朋友情事，那时，她居然以极其轻蔑的口吻，当场大声说道："哼！你们两个，还不知要努力到几时呢！"

当下，我的心里，不禁一寒。

这，充其量仅能说是"缘分未到"的事，哪能用以评断一个人的价值所在呢？

与一般人相处，尚且不应如此，更何况是对待自己相交多年的朋友？

若说这才是她的真心话、她的真性情，那么……难道，平日，她在我们眼前的一切言行举止，都是装假？

无怪乎曾听人说："在爱情里，人若不是露出自己人格中最好的一面，就是显现最坏的一面。"

自此，我们大家虽不致就此与她断绝往来，然而，我们却都不约而同，再也不敢与那位朋友走得太近。

倘若一个人表露在外的言行举止，一概诚实依循自己心中所思所想、全然信守自己与本我灵魂的约定，任世事变化再大，他（她）的样貌，又怎会轻易随之大幅更迭呢？

一只遭猎人追捕的狐狸，遇见一位正在砍橡树的樵夫。

狐狸便请樵夫指点自己一个安全的避难处所。

樵夫听了，就要狐狸赶紧躲进自己的茅屋。

正当狐狸走进茅屋，并小心翼翼地藏身暗处之际，猎人与他的猎犬，便追到了这茅屋前。

见到樵夫的猎人停下脚步，急切地问道："请问，方才，你可曾见到一只狐狸从这儿经过？"

"抱歉，我没看见。"

樵夫口中虽如此回答猎人，可他的手指却在他说话时，一面偷偷地指向了狐狸藏身的茅屋。

不过，这位猎人并未留意樵夫给予自己的暗示。

他便在谢过樵夫后，匆匆忙忙地，继续向前追捕狐狸去了。

待猎人走远，狐狸迅即从茅屋里跑出来，转身离去。

此时，樵夫立刻叫住狐狸，厉声责备地说："你这忘恩负义的畜生！我救了你一命，你竟在离开之前，连谢也不谢我一声！"

原本赶着离开的狐狸听闻樵夫此言，忍不住回头对樵夫冷冷地说："如果你的言行相符，没有让你的手指成为你言语的叛徒，现在，我就会热烈感谢你了！"

在朋友、情人、家人、同学、同事等世上形形色色的人际关系之间，有多少次，我们曾经如此彼此相待？

因此每每重读世界名著《小王子》，我总不免感慨：有多少时候，我们都犹如那朵生长于小王子所居的B 612 行星上的玫瑰——明知自己面对的，是对自己而言相当重要的心爱的人，但我们却故意对他（她）东挑西拣，以种种违背诚信之道的言行伤人，甚且因而自伤。

所谓"真金不怕火炼"，倘使我们的言行举止从不作假，也从不违逆自己的真心，我们又何需畏惧——畏惧友人与爱侣终将离自己而去，畏惧所有曾被长久掩饰的事实浮上台面？

诚信者的永恒信念

有多少时候，我们都犹如那朵生长于小王子所居的 B612 行星上的玫瑰——明知自己面对的，是对自己而言相当重要的心爱的人，但我们却故意对他（她）东挑西拣，以种种违背诚信之道的言行伤人，甚且因而自伤。

一贴深得人心的绝妙良方

相互的真心、诚意正是所有美好人际关系的开端，以及长久维系它的不二法门！

在战国之初，秦国只是一个仅有立锥之地的小国。

秦孝公为称霸诸侯，便请商鞅来到秦国，为秦国变法。

在变法伊始，商鞅为使习于轻忽朝廷命令的秦国百姓，相信此次变法绝非儿戏，他便在国都的南门竖了支三尺长的木头，并昭告天下：若有任何人能将这木头由南门搬到北门，将颁发赏金。

"天下哪有白吃的午餐？这，恐怕只是骗局吧？"得知这消息后的秦国百姓，不禁对此议论纷纷。

以致过了一段时日，一直都没人去搬动那木头……

商鞅见此，决定再发出另一则公告：从现在开始，倘有人愿将这木头搬到北门，赏金将加倍！

这回，有个游手好闲的人看到了这则公告，便抱着姑且一试的心情，将那木头搬到了北门。

而商鞅也果真依约，如数给了这人加倍的赏金！

事后，秦国人民见商鞅如此守信不欺，便一改自己过往不把朝廷命令当回事的习性，不但再也不敢怠惰欺上，且人人都切切实实地，遵守商鞅变法的所有规定。

一如商鞅终以"信守约定"，建立了人们对自己的信任，虽说在种种人际关系中，我也曾不免因故遭逢极深的挫败与伤害，然而，至今我仍肯定：相互的真心、诚意，正是所有美好人际关系的开端，以及长久维系它的不二法门。

若无彼此相待时的诚信，围绕在我们身旁的种种人际关系，将失去唯一的基础与养分。

某年年底，美国联合航空的管理处，发现该年的公司业绩，较原先预期低了许多。

消息传出后，一天早晨，有两位该公司员工工会推派的代表，出现在总经理室门口，希望与总经理派特森进行商谈。

面对这两位工会代表，派特森原以为职工们得知公司业绩不如预期的那样好，他们来是为自己的权益进行某些抗争的。

结果——

派特森全没料到，来访的工会代表们，却向自己表示"为与公司共度难关，员工们愿减薪一成"！

派特森忍不住大为感动。

几经考虑，总经理派特森对工会代表们说："员工们一年一成的薪资，约为30万美元。我想，只要大家努力节约能源，一定可以让公司减少30万美元的支出。至于减薪，除非我们公司面临万不得已的状况，否则，我是不会考虑这么做的！"

派特森的一席话，让联合航空的全体员工以公司存亡为己任，开始推展"节约能源运动"。

最后，联合航空在"不减薪"的情况下，全公司上上下下同心协力，安然渡过了这段业绩低潮。

自古至今，无论置身哪一种人际关系，倘以发自内心深处的诚信之情彼此相待，必能为自己顺利赢得人心！

诚信者的永恒信念

一如商鞅终以"信守约定"，建立了人们对自己的信任，虽说在种种人际关系中，我也会不免因故，遭逢极深的挫败与伤害。

所有难题，尽皆迎刃而解

当我们对所有有形无形的得失，尽皆了然于胸，再依自己真正的心意做出抉择，并老老实实地，为自己的选择负起责任之时，这世上还有什么难题，是不能迎刃而解的呢？

"……太过分了！我这么相信他，对他百依百顺、全心全意，他居然一面对我说明年要和我结婚，一面却又背着我另结新欢，脚踏两条船！"

那天晚上，很晚了，家里的电话，却倏然打破黑夜里的一片静默。我关掉答录机，接起电话，却听到话筒里，传来好友的呜咽。

也颇易落泪的我听着好友泣不成声，一时不禁慌了手脚！只得尽力抑制住自己极想陪着哭的情绪，专心地听她说。

也不知过了多久，好友的情绪，终于略微平静了下来。

后来，她忽然问我："唉，你觉得，我应不应该就此与他分手？"

"这个嘛……你自己觉得呢？"我反问她。

"虽然他已对自己的行为做出解释，但我不晓得在这之后，我要如何面对他。一直以来，我们都处得很不错，他也对我满温柔、满体贴，可是，如今，发生了这种事，让我忍不住怀疑：难道，那些在我们之间的点点滴滴，都是假的？况且，今后，若我们还在一起的话，我不知道我还能不能再像过去那样信任他。不过，话说回来，3年多的感情，说分手就分手，难免不舍。"

好友叨叨絮絮地，说了许久许久……

"无论你打算怎么做，定要面对事实，想清楚，如此，就不会留下太多遗憾或懊悔了。"在这通电话的最后，我只轻轻地对她这么说。

人有悲欢离合，月有阴晴圆缺。自古以来，世事总难尽如人愿。

可当我们对所有有形无形的得失，尽皆了然于胸，再依自己真正的心意做出抉择，并老老实实地，为自己的选择负起责任之时，这世上还有什么难题，是不能迎刃而解的呢?

一颗满怀诚信的心,正是为我们解开世间所有难题的钥匙呀!

那一年,齐、韩、魏三国联合攻打秦国,大军已入侵函谷关。

得知此事的秦王,万分焦急地召请公子他,前来与自己共同商讨对策。

秦王对公子他说:"三国的兵力十分强大,因此我想割让河东求和,你以为如何?"

"讲和会后悔,不讲和也会后悔。"公子他答道。

秦王不解地问:"为什么?"

"大王若割让河东之地求和,三国虽会收兵离去,可在事后,大王必定会叹惋:'唉!真是可惜了这三座白白送人的城!'这是讲和的后悔。"

"那么,不讲和的后悔,又是什么?"

"如果不求和,当三国攻过函谷关,咸阳就危险了!到时,大王一定又会说:'唉!只因我对这三座城的吝惜,却导致国家走向灭亡之途!'这,则是不讲和的后悔。"

听完公子他对得失之间的详尽分析,秦王想了想,说:"既然怎么做都会后悔,那么,我宁可因失去了三座城池而后悔，也不愿由于咸阳遭遇危机，而后悔不已。"

　　不仅有句哲谚说"天下事成于真而败于伪"，英国哲学家培根也留给我们这句箴言：

　　"深窥自己的心！而后发觉一切奇迹，尽在自己！"

诚信者的永恒信念

　　有句哲谚说"天下事成于真而败于伪"，英国哲学家培根也留给我们这句箴言："深窥自己的心！而后发觉一切奇迹，尽在自己！"

创造一己的鹊起声誉

固然齐桓公能登上霸王之位，得有坚实的国力作为后盾；但是，若要人们真对自己心悦诚服，相信再无其他力量，能胜过"以信服人"了吧！

春秋时代，由于管仲辅助齐桓公施政得法，齐国国力因而大增。

后来，有一年，齐鲁交战，鲁国不幸惨败，便决定割让遂邑求和。

双方约定了时间、地点，准备签订盟约。

但当天，正当鲁庄公要宣读盟约时，鲁国的将领曹沫，却忽地跳上了祭坛！

曹沫手持短剑、抵住齐桓公的颈子，说："请您将土地归还鲁国，否则，我们就在此同归于尽吧！"

齐桓公迫于情势，只得应允。

而曹沫也在获得了齐桓公的允诺后，随即丢了短剑，退回自己的席位。

事后，齐桓公愈想愈气，便想命人暗杀曹沫，同时，毁掉自己当时的承诺。

管仲得知桓公有此一想，连忙劝阻桓公："虽然您是由于饱受威胁，才被迫答应此事，可毕竟您已当众应允了这件事；倘若现在不守约的话，您便成了背信弃义之徒！如此，必会招来诸侯的不满，对您与齐国，实皆为有百害而无一利！请主公三思啊！"

桓公这才如梦初醒，并依约将齐国占有的土地尽数归还鲁国。

不久，此事传遍天下。听闻此事的诸侯，无不对桓公刮目相看。齐国与桓公，都因之声誉鹊起。

两年后，诸侯会盟于甄，众人一致推举齐桓公为盟主。至此，齐国终于称霸诸侯。

每每读到这段历史，总会令我又再一次地，感受到诚信之于人际关系的重要。

固然齐桓公能登上霸主之位，得有坚实的国力作为后盾；但是，若要人们真对自己心悦诚服，相信再无其他力量，能胜过"以信服人"了吧！

服膺于真实的诚信之道，总拥有最是难以抗拒的魅力，能为自己实实在在地聚拢人气、创造声誉！

此所以众多商家，总标榜自己"童叟无欺"，以获取顾客们对自己的信任。

东汉时，有一位名医名叫韩伯休。

韩伯休生性不爱出名，但医术高明且诚实不欺，他在长安街上摆了个摊子，兜售各种药品。

而且，韩伯休除了在药品上标明价格，还在自己的摊子旁挂了块布，写着"不二价"三个大字。

某天，一个牙痛不已的老太婆前来买药。

韩伯休虽然已经写明"牙痛药一个钱两包"，然而，购物时总爱精打细算的老太婆，还是忍不住对已在药摊旁标有"不二价"的韩伯休讨价还价："卖我一个钱三包嘛，好不好？"

只见韩伯休摇了摇手，义正词严地对老太婆说："做生意，靠的是'信用'，所以，我从不浮报价格占人便宜，也从不接受客人杀价。我的药，全都是货真价实的灵药，绝对童叟无欺！"

老太婆听了韩伯休的话，只好不再试图讲价，买了药就走。

日复一日，这个摊子"不二价"的主张渐渐传开。城里的居民经仔细打听，才知道摆这药摊的人，原来就是赫赫有名的韩伯休。

　　韩伯休的诚实，先前便早是城中众人皆知的事，如今，大家既然晓得摆摊卖药的人，正是韩伯休本人，于是，大家都纷纷来向他买药，而且，再也没人尝试与他讲价了。

　　有句谚语说："最诚实的人，是人类之王。"

　　的确。只要作为诚实守信的人，无论身在何处，总能赢得最多的瞩目！

诚信者的永恒信念

　　只要作为诚实守信的人，无论身在何处，总能赢得最多的瞩目！

永立于不败之地

"'信义'不单是国家的财富，也是借以保护百姓的法宝。如果我们违反了自己的承诺，即便因而攻下了原，不是在此同时，也失去了我们的信义吗？如此，日后，丧失信义的我们，还能向百姓承诺些什么呢？"

昨天傍晚去上法文课前，和辛苦的编辑小姐约好，要先绕到出版社去找她。我们约定的时间是下午五点。不过，这回，我迟到了。

虽然，严格说来，这迟到，并不能全归咎于近四点半即出门搭公车的我（当然，没考虑到"这是放学时间"，确是我的疏失），那辆反常地久候不至的公车，恐怕也得为此担负部分责任；不过，面对编辑小姐的第一眼，事实上仍迟到了的我，还是因为心里颇为愧疚，而语无伦次了起来。

尽管可以有千百个理由，来为自己的迟到做解释，然而，理亏的人，终究是我。

为人处世不守诚信之道的人，不仅愧对别人，更愧对自己！

这样的人，该如何在这世上立足呢？

某一年，晋文公率领晋军，准备围攻"原"。

在开始攻城之前，晋文公仅让军队储备了三天的粮食，并当众宣布："三天之内，倘使我们无法攻下这座城，就立刻退兵！"

三天稍纵即逝，原的守军仍未投降！

此时，晋文公果真下令撤军！

可是，就在晋文公颁下这道军令之际，有几个刚从城里逃出来的人，看到晋军将要撤退，就对他们说："你们别急！再过一天，这城里的人就会弹尽援绝、非投降不可了！"

听到这些话，晋文公身旁的兵将们纷纷附议："那么，我们就再等一天吧！"

可晋文公却全然不为所动地说："'信义'不单是国家的财富，也是借以保护百姓的法宝。如果我们违反了自己的承诺，即便因而攻下了原，不是在此同时，也失去了我们的信义吗？如此，日后，丧失信义的我们，还能向百姓承诺些什么呢?"

于是,晋军依约撤军。

见到晋军撤军,原的守军与百姓们不禁议论纷纷:"原来,晋文公竟是如许讲究信义的人呀!若能有这样的君主,我们何不投降?"

就这样,由于晋文公的诚实守信,使晋国在这场战役中,获致了不战而胜的成果。

而在三国时代,那一年,与曹魏僵持不下的蜀汉,正由诸葛孔明在祁山布阵,与曹魏持续对峙。

不过,鉴于长时间的战事,易使士兵们感到疲惫不堪;因此孔明每个月,都会安排 1/5 的士兵返乡休养。

只是,战火愈浓愈烈。

后来,将领们唯恐蜀军兵力不足,便向孔明进言:"魏军的兵力远胜我军。就现况看来,我军恐怕难以获胜。所以,请您下令:本月预定返乡休养的士兵,将延后一个月返乡,以确保我军兵力!"

没料到,孔明却想也没想,就当场对这些将领们说:"我领军的基本原则,是'凡与部下约好的事,无论如何,一定确实遵守'。因此,我不会下这样的命令!"

消息传出,返乡休养的蜀军士兵们,反而都自动提前回到战场，并英勇作战，大败魏军！

待人处世一概遵循诚信之道者，不分人、事、时、地、物，定能永远立足于不败之地。

正如无论是晋文公，抑或诸葛孔明，身处不同时空背景的他们，却皆以始终如一的言行，为自己赢得胜利，切实地验证了所谓"诚则金石可穿"！

诚信者的永恒信念

无论是晋文公，抑或诸葛孔明，身处不同时空背景的他们，却皆以始终如一的言行，为自己赢得胜利，切实地验证了所谓"诚则金石可穿"！

发现持续成长的契机

苏格拉底："否认过失一次，就是重犯一次。"

前一期法文课开课的那天，上课铃响后的我赫然发现：这一回，不仅换了新教室、新老师，而且，新老师的法文发音，竟与先前的老师迥异，甚至难以听懂！

为此，无法转班的我因而困扰了好久好久……

好不容易，我才勉强自己冷静下来，面对现实，想一想——

事实上，即使是以国语为母语的我们，也未必人人都能说一口标准国语；说法文的人，自也不例外吧！

更何况，能将自己学习成果将会如何的责任，尽数推给授课老师吗？

不行吧……

有那么一瞬间，我仿佛见到来自远古的苏格拉底，正带着微笑对我说:"否认过失一次,就是重犯一次。"

"虽然真的很不习惯,心里也极不愿习惯那怪怪的发音,但或许将来,自己还可能遇上说话口音更重的人们,也未可知。若真想学好法文,还是得靠自己多多用功吧!毕竟,学法文是自己的事。"我想了想,暗暗对自己这么说。

说也奇怪,之后,我原本混合了郁卒与紧张的纷乱心情,竟忽地放松了下来。

总是经由错误的磨炼,我们的人生,才能从中有所成长。

因此,当一己际遇不尽如人意之时,我们倘能诚实面对自己在其间不慎犯下的错误,便也正是为自己的人生,发现另一次成长的契机。

齐国名臣邹忌,常为自己英挺的外貌深感自豪。

这天清晨,他穿妥衣帽,望了望镜中的自己,忍不住开口问他的妻子:"你觉得,我和城北著名的美男子徐公相较,谁比较帅?"

"当然是您啦!"他的妻子说,"徐公哪里及得上您呢?"

虽然妻子如此回答自己,但是邹忌仍不太相信。

于是,他又以同样的问题,问了自己的妾。

"城北徐公连您的一半都比不上呢！"他的妾答道。

可邹忌对此仍有疑虑。

因此第二天，当邹忌与来访的客人谈话时，他不禁又询问来客相同的问题。

"徐公不如您。"客人斩钉截铁地回答。

正巧，隔天，城北徐公来到邹忌家中。

始终相当在意此事的邹忌，便趁机细细打量徐公，再照照镜子，总觉还是自己不如人家。

当晚，邹忌躺在床上，反复思量。

最后，他才恍然大悟："我的妻子认为我比徐公帅，是因为她爱我；我的妾赞美我，是由于她怕我；而客人如此肯定地回答我，则因他有求于我呀！"

翌日一早，想通了这道理的邹忌，立刻前去会见齐威王。

他对齐威王说："我的外貌，实在不如徐公；可我的妻子爱我、我的妾怕我、我的客人有求于我，便都异口同声说我比徐公帅。同理，在齐国宫中，没有人不爱大王；朝廷中的大臣们，则没有人不怕大王；而国境之内，更没有哪个人对大王无所求——由此观之，大王太容易受蒙蔽了！"

齐威王认为邹忌说的是，便即刻下令：凡能当面指责自己所犯过失的人，将授予上等赏赐；上书谏言者，则授中等赏赐；而只要在朝野议论自己的过错且传到自己耳中者，便授予下等赏赐。

初时，大家纷纷前来向齐威王进言，宫中门庭若市。

不过，一年后，即便有人意欲来进谏，那时，却再也没什么可说的了。

之后，齐国也因此日渐强盛了起来。

这就难怪歌德要说："真实拥有促进自我的力量，但错误则无法发展出任何东西——它只会造成纠纷！"

诚信者的永恒信念

　　真实拥有促进自我的力量，但错误则无法发展出任何东西——它只会造成纠纷！

不再与智慧失之交臂

是不是，当我们渐渐长大，便如同这故事里所有的成人，慢慢失去了纯真赤子的勇气，愈来愈恐惧诚实面对人生中的一切实情，并放任自己远离那些早该从中习得的智慧？

从前，有位国王很喜欢穿漂亮的新衣服。

有一天，有两个骗子来到这个国家。他们告诉这位喜欢穿美丽新衣的国王："我们能为您织出这世上绝无仅有的布！这种布，不但色彩鲜艳、图案美丽，以它裁制而成的衣裳，还能测出谁愚笨、谁不适合自己的职位——因为，这些人看不见它！"

"这真有趣！"国王心想。

于是，国王决定：当下便赐予这两个人许许多多的黄金与丝绢，要他们立刻开始以这种布料，为自己裁制一袭新衣。

很快地，过了一段时日。

某日，国王暗自沉吟："不知道布织得如何了？好想看。可是，万一我看不到，怎么办？"

"对了！"国王脑中灵光一闪，"派那位年老忠实的大臣替我去瞧瞧吧！他的头脑很灵活，又相当称职，一定能看得很清楚！"

然而……

"哎呀！奇怪！我怎么连一丁点儿布的影子也没看到呢？"谁知，这位大臣才向织布机望了第一眼，随即大大吃了一惊。

"糟糕！我竟然是个傻瓜！怎么办……"大臣为此焦虑至极，"我绝不能让别人得知此事！"

所以，回到宫里，大臣便如此禀报国王："那块布真是美极了！美得简直无法用言语形容！"

后来，又过了好一阵子，屡屡派遣大臣去为自己察看新衣进度的国王，有天心血来潮，想亲自前去看看自己的新衣。

在随行众人的赞叹不绝声中，（其实与睁眼说瞎话的大家一样，根本什么也看不到的）国王接受了大伙儿的劝告，准备在即将到来的游行里，穿上这袭新衣，让全国人民为之惊艳。

转眼间，举行游行的日子到了。

这一天，当那两个骗子小心翼翼地，佯装捧着刚完成的新衣、服侍国王穿上时，每一个在场的人，都纷纷惊叹道：

"好棒啊！很合身呢！"

"无论是色彩或图案，都非常巧妙哟！"

至此，仍然没有任何人（包括已"穿上新衣"的国王自己），愿意勇于承认自己眼前所见的国王，其实一丝不挂。

就这样，国王便"穿着"他的新衣，开始领着游行队伍，沿着大街前进！

此时，街上万头攒动的群众，也同样没人愿意勇敢地承认自己看不见国王的新衣。

因此大家对国王的新衣，也都赞不绝口。

突然，在众人异口同声的赞美声中，路旁却有个孩子大声叫道："可是，我怎么没看见国王穿了衣服呢？"

在一片尴尬的静默后，几乎所有的人，都低下头来窃窃私语："对耶！国王真的什么都没穿耶！"

听到这些话的国王，自是因此困窘不堪！因为，也一直看不见自己身上这袭新衣的他心知肚明：大家说的，确是实话！

但是，无法就此草草结束游行的国王，仍只得硬着头皮，穿着他的"新衣"继续前进。

"为什么，大家都只为了怕自己在大家面前丢脸，便不敢坦承自己其实根本看不到国王的新衣呢？如此，不是更显愚蠢？"

自小，每读到《国王的新衣》这则出自《安徒生童话》的故事，我总不免如此疑惑。

是不是，当我们渐渐长大，便如同这故事里的所有成人们，慢慢失去了纯真赤子的勇气，愈来愈恐惧诚实面对人生中的一切实情，并放任自己远离那些早该从中习得的智慧？

要求人们"现在立刻面向内心"的歌德，也曾提醒世人：

只要认真地愈深入问题核心，就会出现更多的困难与挫折。但是，只有不畏困难、勇于面对问题的人，才能在前进中提高自己的教养，并感到舒畅快意。

诚信者的永恒信念

　　只要认真地愈深入问题核心，就会出现更多的困难与挫折。但是，只有不畏困难、勇于面对问题的人，才能在前进中提高自己的教养，并感到舒畅快意。

CHAPTER 4
一方立足的幸福——诚信之乐

此后，与心惊胆战永别

　　日常生活中，是不是，我们也曾如这一集《樱桃小丸子》里的主人翁小丸子一样，由于一时的迷惘，以致让自己活得坐立难安？

　　那天晚上，小丸子一如往常地坐在客厅里，和爷爷一块儿起劲地看着电视。忽然——妈妈出现了。

　　发现小丸子又在看电视的妈妈，便皱起眉头对小丸子说："小丸子，你明天不是有数学考试吗？"

　　"对呀！"小丸子的双眼仍紧盯着电视，漫不经心地答道。

　　看到小丸子对考试全不在意的模样，妈妈忍不住大声呵斥小丸子："那你怎么还在看电视？还不快去准备考试！"

　　"不用啦！"只见小丸子一派轻松地回答妈妈，"我没看书，也可以考到 60 分啊！"

"真的吗？"

小丸子非常肯定："真的！"

"好！那么，如果你没考到 60 分，就得接受惩罚！"

"没问题！"

没料到，隔天的数学考试，题目较平日难得太多太多！

面对考卷直冒冷汗的小丸子，心中不禁大喊："完了！我考不到 60 分了！怎么办？"

一阵天旋地转后，小丸子却在无意间赫然发现：原来，自己竟能清楚地看到邻座小玉的答案！

霎时，小丸子陷入天人交战……

终于，敌不过自己内心深处对于"接受妈妈惩罚"一事的恐惧，小丸子偷抄了小玉的答案。

之后，一整天，作了弊的小丸子，简直如坐针毡。

日常生活中，是不是，我们也曾如这一集《樱桃小丸子》里的主人翁小丸子一样，由于一时的迷惘，以致让自己活得坐立难安？

正所谓"平生不做亏心事，夜半不怕鬼敲门"。倘使我们在这花花世界中的一切日常为人处世，尽皆符合诚信之道，那么，在问问心无愧的自己，又有什么可畏惧呢?

宋朝的奸臣秦桧不仅私通金人,他并曾于一日之内,连续发出 12 道金牌,强行召回正于朱仙镇大破金兵的岳飞,以将他害死。

相传,这阴谋,是秦桧与他的妻子王氏,在自家东窗下共商的毒计。

待秦桧与他的儿子相继过世后,某日,秦桧的妻子请了位道士到家里来,一方面为他们父子俩作法超度,一方面央请道士代为看看他们在阴曹地府里度日的情况如何。

道士首先在阴司中,遇见了秦桧的儿子。

在途中一直都找不着秦桧的道士,便问:"太师在哪儿?"

"在丰都。"秦桧的儿子身上带着铁枷,看来十分狼狈地答道。

迅即抵达丰都后,道士立刻见着了秦桧与他的同党万俟卨!

只不过,他们两人都身穿破烂囚衣,正挥汗如雨地做着苦工呢!

秦桧得知眼前的道士是妻子请来探望自己的,当下便泪眼汪汪地对道士说:"请你转告我的妻子,说我们当年在东窗下商量的事，现在，已经被揭发了！"

虽说这或许仅是后人因痛恨秦桧通敌卖国且谋害岳飞身亡，而编造出的一则传言，不过，这传言，倒也恰如其分地反映了"若要人不知，除非己莫为"的缘由。

尽管世事变迁如白驹过隙，但时值新世纪的今日，我仍相信：唯诚信之人，能为自己免去生命中所有（事实上）莫须有的惊惧！

一如昨晚法文课下课时，在电梯前，我遇到了一位前期与我同班的同学。

问他这回怎没和大家编在同一班，他赧然一笑，说："我觉得自己前一期的课程，学得实在太差！虽然我的期末考成绩刚好低空飞过，但我的心里，仍觉很是不安。我想了好几天，最后，还是决定自动留级一次，学得扎实些，然后，再继续上高一级的课程。我想，如此，会比我现在直接升级，但却上课上得不知所云且总是战战兢兢，要好得多吧！"

老实说，在事事常只求速成的这个年代，我非常佩服这位同学。

诚信者的永恒信念

　　唯诚信之人，能为自己免去生命中所有（事实上）莫须有的惊惧！

生活中，总漫着无比诗意

> 曾经，有位名为尾生的男子，与一位自己心之所系的女子，约在桥下相会。不料，当他们相约的时日到来，河里的水，却因一阵阵倾盆大雨开始上涨。依约抵达桥下的尾生，独自在那儿等待了许久许久……

"唉！我到底该怎么做呢？上月初，刚结束一段感情时，原以为自己的未来，没有什么希望了，但他突如其来的出现，令当时实该独处一段时日，以好好整理一下情绪的我，简直措手不及！自然，我们相处得一团糟。可是，如今，他选择离去后，最初感觉异常轻松的我，没两天，却又忍不住开始想念，甚而忘了彼此相处时的种种不快，一心只想去找他。只是，若我真这么做，恐怕会对另一个早已默默在我身旁守候良久的他，造成不小的伤害吧！人们总来来去去，是不是，我将永远孤单。"

前几天早上，我在 E-mail 信箱里，收到这封旧友写来的长信。

读着读着，忽然，我忆起自己有天晚上回家，路过路旁卖消夜的小摊，巧遇的一段生活小插曲……

那时，某频道正是晚间 10 点的日本偶像剧时段，播映曾于日本创下高收视率的《魔女的条件》。

那一晚，我如昔地走过那摊子。只听见总一手打理大小事务的颇为年轻的老板娘，以她一贯的清亮嗓门，认真地向所有在座客人们大力推广："接下来，会播《魔女的条件》。我跟你们说，真的很感人、很好看哦!"

虽说在这个年代，男男女女进行"复数恋爱"，似乎已司空见惯；但朋友信中满满的疑惑、不安，以及那位老板娘当时的言语，却仿佛仍在显示：现代人内心深处对"相守一世"的向往，丝毫不曾因邂逅机会或交往人数的倍增，而全然被取代，甚至被抹煞殆尽!

不计价的执手一生，多么浪漫。

看似沉重严肃的"真心信守承诺"这信念中，竟蕴着如此浓郁的诗意呢!

因此我总记得诗仙李白，在《长干行》一诗中提及的典故。

曾经，有位名为尾生的男子，与一位自己心之所系的女子，约在桥下相会。不料，当他们相约的时日到来，河里的水，却因一阵阵倾盆大雨开始上涨。依约抵达桥下的尾生，独自在那儿等待了许久许久。

但是，尾生殷殷期盼的那个身影，却始终不曾出现。

时间一分一秒地过去，河水也一寸寸地愈涨愈高。

不想因而失约的尾生，仍继续等待。

待大雨终于停止，河水终于退去，来到河畔的人们，发现痴痴等待女子到来的尾生，至死都仍紧紧抱着桥柱，不愿松手。

记忆中，还有"望夫台"、"石尤风"等诸多同样动人的美丽传说。

回顾这些古老的故事，总不禁令我觉得：诚守信义，原是件如许浪漫美好的事呢！

相较于言谈间的笑语晏晏，或是物质的不虞匮乏乃至富足丰裕，无论自己面对的，是自己的爱侣或友人，时至今日，我仍愿意相信：唯"一夕之约，生死不改"的情怀，才能在我们的日常生活中，创造出无与伦比的诗情画意，以及由衷的喜悦！

诚信者的永恒信念

　　相较于言谈间的笑语晏晏，或是物质的不虞匮乏乃至富足丰裕，无论自己面对的，是自己的爱侣或友人，时至今日，我仍愿意相信：唯"一夕之约，生死不改"的情怀，才能在我们的日常生活中，创造出无与伦比的诗情画意，以及由衷的喜悦！

为情感快速加温的不二法门

9 月 17 日晚间，很偶然地，我听到了 10 年前的同一天，已故歌手薛岳在当天举行的演唱会实况。

虽已事隔整整 10 年，但薛岳的歌声与他的音乐所形成的穿透力，仍深深地感染、撼动着我的每个细胞。

9 月 17 日晚间，很偶然地，我听到了 10 年前的同一天，已故歌手薛岳在当天举行的演唱会实况。

虽已事隔整整 10 年，但薛岳的歌声与他的音乐所形成的穿透力，仍深深地感染、撼动着我的每个细胞。

"除非你的言语，真是你的肺腑之言，否则，绝无法使人由衷感动！"

听着一首又一首薛岳的歌，我想起歌德于《浮士德》第一部中提到的这句话。

无论是歌声或言语，倘使其间丝毫没有蕴含歌者或说话者与其真我携手同行的一份真诚情感，听歌的人与听话的人何以感动？而双方情感又将如何交流、增温呢？

清朝名臣李鸿章，曾与美国将军格兰特有过一面之缘。

那回见面时，李鸿章对格兰特手中一支与他须臾不离的钻石手杖，极为喜爱！

李鸿章便试着问格兰特将军，是否愿将手杖割爱给自己。

"倘使这手杖是我自己买的，我一定很乐意将它送你；可是，这是民众们送我的，所以，我不能任意转赠。"当时，格兰特将军满怀歉意地如此答道。

后来，时日一长，李鸿章也就渐渐淡忘此事。

直到多年后的某一天。

那天，李鸿章极其意外地，收到了一个寄自美国的包裹。

"是什么呢？"

李鸿章十分好奇地打开包裹，赫然发现——里面，竟是格兰特将军随身携带的那支手杖！

原来，当年，格兰特将军虽不能当场将自己的手杖转赠予李鸿章，但他的心里，却从未忘记李鸿章对这手杖的喜爱！

因此临终前，他特地请人将这手杖寄赠李鸿章。

接到手杖的李鸿章，不由得感动至极！

明朝时，有位家境相当贫苦的泥水匠，名叫韩贞。

有一天，韩贞的邻居吴阿大来找他，很不好意思地对他说：“虽然我前天才刚向你借了些米，可在这收成青黄不接的时刻，这些米，实在不敷使用。迫不得已，今天，我只好厚着脸皮，再来向你借米。我保证，日后，一定加倍将借去的米奉还给你！”

“你这是哪儿的话！”听完吴阿大的来意，韩贞以诚挚、恳切的眼光看着吴阿大，说，“我们都是穷朋友，本就应相互帮助才是呀！”

然而，当韩贞走进自家厨房、掀起米桶的盖子，才发现家里剩下的米，原来，也只够再煮一顿饭了！

面对因而坚决反对再一次出借米粮的妻子，韩贞却说：“我既已答应人家，怎能临时变卦呢？再说，他今天是二度来向咱们借米，想必已是走到穷途末路，我们哪能见死不救呢？”

于是，他便二话不说，将米桶中所剩无几的米，全都借给了吴阿大。

那年秋天，大家的收成都异常丰盛；向韩贞借米的人，也都一一前来归还先前借走的米粮。

不料，当大伙儿陆陆续续来到韩贞家门口，却只见紧闭的韩家门上贴了张纸条，上面写着："我们夫妻俩现正云游四海，归期未定。你们要还的谷子，都请留下自己用吧！"

大家很感动，尤其是吴阿大。

"为某种目的开始的友谊，绝不会持续至达到目的之时。"

一如收到手杖的李鸿章，以及曾接受韩贞援手的每一位，每念及那些在我的生命行至谷底时，从不曾离我远去的真心相待的好友们，万分感动的我，总也同时想起这句话。

正所谓"患难见真情"。不论置身何种人际关系网络，我总相信：在任何时代，都唯有发自真心、不带一丁点儿功利性质的纯粹诚挚情感，才能深刻地打动人心，同时，自然催化并深化彼此情谊。

诚信者的永恒信念

　　为某种目的开始的友谊，绝不会持续至达到目的之时。

品味生活的单纯欢愉

长大成年后的我们，都已多多少少（被迫？）在日复一日的忙乱脚步中，忘却"真实"的模样；以致那些原存于生活中的、人际中的单纯，都离我们愈来愈远……

一回，和担任小学老师的同学聊天，她（大概有点感慨地）说："我觉得，和小孩子在一起，只要全心全意对他们好，他们就可以很真切地感受到你的心意；可是，面对成人时，即使你确以赤忱的良善心意对待对方，但是，往往却由于'相待的方式不对'之类的繁复问题，常难以善终。"

也很喜欢与好友家的小女孩玩在一起的我，不禁深有同感。

或许，长大成年后的我们，都已多多少少（被迫?）在日复一日的忙乱脚步中，忘却"真实"的模样；以致那些原存于生活中的、人际中的单纯，都离我们愈来愈远……

可是，发自真心诚意的单纯情事，不正是这世上所有快乐与美好生生不息的永恒源起？

某日，诸神决议：要各自选一种树，来接受自己的特别保护。

首先，宙斯选择橡树。

接着，阿波罗选了月桂树；女神雪比俐选了松树；而赫克力士则选了白杨树。

看到大家的选择，雅典娜不由得感到颇为疑惑。

"何以你们都选些不会结果子的树呢？"她直截了当地问。

"如果我们选了会结果的树，那不正意味着身为天神的我们，是由于贪图果实，才想保护那树的吗？"宙斯回答。

"原来如此！"雅典娜点点头，仍毫不惺惺作态地当众说道，"不过，无论如何，正因为它的果实，所以，橄榄树于我而言，而是相当宝贵的呢！至于旁人要怎么评断我，就随他说吧！"

听了雅典娜的言语，宙斯忍不住叹了口气，说：

"我的女儿啊，你真不愧'聪明'二字！我们的作为，都仅是徒然的虚荣而已呀！"

生活总不离"选择"。倘使只为了旁人看待自己的眼光，便处处做出违逆自己真心的选择，如此，我们会活得多累、多不值啊！

在东海岸边有个小村庄，村里住着一个喜欢海鸥的少年。

这少年每天总会划着小船，到海上找海鸥玩耍。

时日一久，海鸥们都与这少年相熟，只要少年到来，海鸥们若非成群在他头上盘旋翱翔，便是栖息在他的船上；甚至有些海鸥，还常会飞到这少年怀里，与他亲热一番呢！

有一天，当这少年从海上回到家，才踏进家门，却立刻听到他的爸爸对他说："我听说你和海鸥们的感情很好？真是这样的话，明天，你捉一只海鸥回家来给我吧！"

少年答应了。

然而，第二天，当少年如常地来到海上，所有的海鸥却一反常态，仅都在上空高高飞舞，再也不愿飞近少年与他的船。

不纯粹的心意，终究逃不过真实之眼锐利的目光呀！

托尔斯泰说："我们创造了一种违反人类道德与肉体本质的生活方式。我们过着这样的生活，却又想获得自由。"

无论面对人际或生活，所有的虚假，终会被真实戳穿！与其如此，何不时时坦然面对一切原貌，让我们的生命，因之永远洋溢属于纯粹的喜悦。

诚信者的永恒信念

无论面对人际或生活，所有的虚假，终会被真实戳穿！与其如此，何不时时坦然面对一切原貌，让我们的生命，因之永远洋溢属于纯粹的喜悦。

活出"做自己"的快意人生

每个人都会堂而皇之地说"人得面对真实的自己"，然而，事实上，有多少人真有这种勇气，并能真正快乐地活出自己？

巧合的是，几位相熟的大学同学，毕业后都断断续续换过不少工作。

一回，大伙儿聊起彼此换工作的频率，其中一位同学有感而发地说："每次写履历表时，总不禁怀疑自己换工作换得如此频繁，是不是意味自己定性不足，或适应力太差，甚至在想，是不是干脆删掉某些经历算了，但若再细细反思，便很清楚：每次会选择走上离职一途，确实都有当时非如此不可的繁复理由。如此想来，也就不觉该在履历表上隐藏些什么了。"

听了同学的话，也在职场上遭遇过不少挫折的我想到：每个人都会堂而皇之地说"人得面对真实的自己"，然而，事实上，有多少人真有这种勇气，并能真正快乐地活出自己？

然而，写履历表也好，写文章也罢，我们何苦只因不明所以的杂讯干扰，便轻易弃自己真实心意于不顾？

我们曾听过古时魏武侯与部属们一同乘船游赏西河风光的故事。

面对河山的壮丽，武侯满是骄傲地说："山河如此险要，我们的边防，真可谓牢不可破啊！"

吴起听到武侯这话，连忙接口道："依大王所言，定会让国家走向灭亡之途！"

"岂有此理！"那一瞬间，武侯只觉怒火中烧。

但是，吴起全不理会武侯的情绪。

他滔滔不绝地对武侯说："河山的险要，实在不值倚仗；国家安全的保障，乃至霸主事业的成就，也并非凭借险要地势建立；将政事治理好，才是一个国家立国的根本！"

"比方说，"顿了一下，吴起继续说，"过去，三苗的居所，左有鄱阳湖，右有洞庭湖，且尚有岐山在二湖之北，衡山在二湖之南；虽有这些天险，然政事治理不好的三苗，最后，还是为大禹所驱逐。而夏朝立国之地，左侧倚天门山北，右侧倚天溪山南，另有庐山、峄山在此二山北面，且有伊水、洛水自二山南面流出；可拥有这些险峻天险的夏，仍被商汤攻破。此外，右有太行山、左有漳水与滏水，前面还面对着黄河的殷，不也以同样的理由灭于周武王手中？"

见武侯怒气渐消，于是，吴起再以武侯的亲身经历为例，缓缓对武侯说道："大王请仔细回想，那些您领着我们攻陷的城邑，有哪一座城是城墙不高、人民不多的呢？可是，这些城邑能为我们所占领，都因为它们政治的腐败吧？由此可见，单单靠着地形的险阻，怎能称霸天下？"

至此，毫不退缩地忠于真实，并勇于陈述事实真相的吴起，终以他铿锵有力的言辞，令魏武侯心悦诚服、转怒为喜。

倘使我们的为人处世能如同吴起，在面对来自外界的种种难言之时，仍一秉诚信之道——倾听自己真正的心声，并勇敢地依此持续前行，如此，才不致稍一不慎，便在这世间迷失，以及失去独属自己的生之欢愉。

"我们在这人生中真正害怕的，不是恐怖本身。恐怖确实在那里。……它以各种形式出现，有时候压倒我们的存在。但最可怕的是，背对着那恐怖，闭起眼睛。由于这样，结果我们把自己内心最重要的东西，让渡给了什么。"

　　我一直都记得村上春树在其短篇小说《第七个男人》中如是写道。

诚信者的永恒信念

　　我们在这人生中真正害怕的，不是恐怖本身。恐怖确实在那里。……它以各种形式出现，有时候压倒我们的存在。但最可怕的是，背对着那恐怖，闭起眼睛。由于这样，结果我们把自己内心最重要的东西，让渡给了什么。

彻底摆脱扰人假象的迷惑

"无论是如你作为一位歌手，或是如我作为一个企划人员，这些，都只是我们工作时的身份；卸下这些身份、回到自己的日常生活，实际上，我们，都只是'自己'而已呀！"

还在唱片公司任职企划时，一回，某位歌手在与大伙儿的闲聊中，忽然颇为烦恼地说道："最近，我常在想，万一，将来的某一天，我的演艺生涯因故终结的话，我该怎么办呢？难道，我得去打工当店员？可是，我是当过歌手的人耶！被人家认出来的话，我该如何是好？"

看着那位仍相当年轻的歌手，当时，我其实很想告诉他："无论是如你作为一位歌手，或是如我作为一个企划人员，这些，都只是我们工作时的身份；卸下这些身份、回到自己的日常生活，实际上，我们，都只是'自己'而已呀！"

所以，日文意为"真的"的"本当"、意为"真心"的"本心"，以及意为"真心话"的"本音"等词汇中，才都包含了意指"真实无伪"的汉字"本"啊！

而所谓诚信，不正是"剥除种种外在假象，无论何时何地，永远和真实的自己在一起"吗？

不似诸多名人，幸运地拥有优渥的家庭背景，美国著名的钢铁大王卡内基，出身于一户平凡的贫苦人家。

有一天，应邀出席餐会，并在其中发表演说的卡内基，忆起自己满是血泪的奋斗经历，不禁愈说愈激动！

最后，情绪飙涨到最高点的他，索性开口问在座宾客："我从一个身无分文的无名小卒，到如今可说是要什么有什么，各位认为，我的生命中，还可能缺少些什么吗？"

大家听了，纷纷低下头去，苦苦思索。

不久，一位校长抬起头来，朗声对卡内基说："我想，你恐怕还少一颗谦虚的心！"

并非功成名就不对，金钱不重要，权力毫无用处；只不过，在事事显得太过浮泛的今日，往往我们都轻而易举地，便让自己仅陷溺于这些事物的表象价值，以至忘了"自己需要他们的初衷",以及"自己是谁"。

以致一旦失去它们,我们便恍如失去的是"自己"那般,霎时慌乱不知所措。

某日,一只驴子爬上屋顶,在那儿跳起舞来,且将屋顶上的瓦片,全都踏得粉碎。

驴子的主人看到这种情形,随即设法将他赶下屋顶,并顺手拿起一根粗棍子,重重地打了这只驴子一顿。

挨了打的驴子,忍不住语带呜咽地对主人说:"昨天,我看到猴子这么做,你们大家都笑得很开心呀!怎么今天换成我,你们就生气了呢?"

这只驴子压根儿忘了:意欲以此博取主人欢心的自己,不是猴子。

若是能鼓起勇气、摆脱那些总是惑人的假象,生活中的我们,便会离真实愈来愈近吧?!

而倘能真正面对实相,我们也才能获得无可替代的平静与喜悦。

极为优异的科学家爱因斯坦,每每提及自己在科学上的成绩时,总是很少用到"我"这个字。

因为,他认为,在可谓包罗万象的自然科学里,个人的点滴成就,实为极其微渺。

记得歌德曾一针见血地指出："'力行真实'本是非常辛苦的事。"相对于歌德此言，爱因斯坦这种时时"肯于诚实面对事物本质"的精神，真是令人赞赏不已！

诚信者的永恒信念

若是能鼓起勇气、摆脱那些总是惑人的假象，生活中的我们，便会离真实愈来愈近吧?! 而倘能真正面对实相，我们也才能获得无可替代的平静与喜悦！

从容无悔，日日好日

> 无论是与人相约、缴纳信用卡签账款项等诸多日常生活琐事，乃至于恋爱、工作、婚姻等各人人生中总会面临的种种选择，若我们都能勇于诚实面对自己生活与生命中的真实面向，必能使自己在每一个当下，都活得从容、活得愉悦吧?!

我常在想，无论是与人相约、缴纳信用卡签账款项等诸多日常生活琐事，乃至于恋爱、工作、婚姻等各人人生中总会面临的种种选择，若我们都能勇于诚实面对自己生活与生命中的真实面向，必能使自己在每一个当下，都活得从容、活得愉悦吧?!

1897 年冬天，法国小说家左拉的家中，走进了两位访客。

看着这两位意外的访客，左拉心中感到极为惊异！

因为，来访者，正是与三年前轰动一时、也是他一直苦思不解的间谍案"德雷福斯事件"的主角——与德雷福斯上尉息息相关的亲哥哥，以及德雷福斯上尉的妻子。

"左拉先生，从您的作品里，我看得出您是位有勇气揭发社会丑陋事实的正人君子，所以，今天我特地来恳求您，请您帮忙救我弟弟！他绝不是会做出'出卖法国炮兵队机密给德国大使馆'这种事的人，他真的是无辜的！"德雷福斯上尉的哥哥一次次对左拉这么说。

而打从走进左拉家中即泪流不已的德雷福斯夫人，此时，也拿出一封她的丈夫由牢里寄来的信，递给左拉。

先前就总觉媒体对此事的报道极度欠缺真实性的左拉，将这封信反反复复地，细细读了三次。

他的直觉告诉他：没错！这封信写的，全是实情，德雷福斯上尉是清白的！

"倘使我得知'德雷福斯上尉确实无罪，却被流放至恶魔岛'，但我却对此无动于衷，甚而置之不理，那么，我怎配做一个以'追求真理'为志向的文学家呢？"左拉自问。

于是，左拉将手中的信件退还德雷福斯夫人的同时，以坚决的语气对两位访客说："我答应你们！我一定会竭尽全力救出德雷福斯上尉！"

不久，左拉便在报上发表一封公开信，大胆地向社会大众表示"德雷福斯的罪名，其实是被某些军人凭空捏造的"。

这封公开信，不仅立即引起一片哗然，后来，法国陆军更以"侮辱"的罪名控告左拉。

审判当天，只见左拉沉静地站在被告席上，以清晰、平稳、庄严的语调，对陪审团说："我绝对没有被谁收买，也并非蓄意与军队对抗，我只是为了正义、真理而战！我以我的生命、名誉，以及我40年来所写的作品，向全法国与全世界的人们起誓：德雷福斯是无辜的！虽然现在，议会、政府、所有的民众与媒体，全都反对我的看法，而我也可能在此被判有罪，但是，我仍愿与正义及真理为友，为消弭邪恶而战！"

当时，左拉虽仍被不为所动的陪审团定罪，但读到书中描述左拉说这段话的神情时，我却不禁感动了好久好久……

而且，六年后，事实证明：左拉是对的。

若非与一己真心所信的真实携手同行，在大众异口同声挞伐下的左拉，焉能犹如无事般如许从容度日。

是的。与真实握手相约，而后信守自己与它的约定，并与之携手缓缓漫步人生的每一个人，定能活得不慌不忙、不忧不惧，一如挺立于被告席上的左拉！

诚信者的永恒信念

　　与真实握手相约，而后信守自己与它的约定，并与之携手缓缓漫步人生的每一个人，定能活得不慌不忙、不忧不惧，一如挺立于被告席上的左拉！

CHAPTER 5

剑及履及实践诚信，一点也不难

该坦白的，绝不刻意隐瞒

蓄意说谎、作假，以为可借此掩人耳目，是绝不可能的。

因为，即使瞒得了一时，但在事实面前，所有的谎言，终将原形毕露。

小时候，我一直都被严禁吃一种以色素染成的"芒果青"。

然而，不愿独乐乐的玩伴们，总喜欢与我分享零食。

"喏，这请你。"某天放学，与我同行的邻居兼同学，第 N 次拿出了一小包芒果青。

"我妈说，不能吃这个。谢谢!"我如常地婉拒她的好意。

"没关系啦! 你妈又看不到!"

一阵僵持之后。

"你今天不吃的话，以后，我就不跟你玩了！"

听到这话的我，当下如遭雷击。

几番拉扯，终于，因而无法再拒绝的我，拿了小小一块，吃掉。

只不过，才踏进家门……

"你为什么偷吃芒果青？我平常是怎么跟你说的，你都忘了吗？"迎面而来的，赫然便是妈妈的厉声质问。

"我……我没有！"在妈妈的指责下，感到极度恐惧的我一面泪眼汪汪，一面扯了个漫天大谎。

"还说'没有'？！你自己照镜子看看，你嘴唇上绿绿的，是什么？"妈妈怒不可遏地直视着我。

百口莫辩的我，只是低下头、乖乖认错。

所谓"纸包不住火"，约莫如此。

既然纸包不住火，那么，我们又为何要如此白费心力呢？

想将诚信之道落实于自己日常生活中，最为简易可行的方法，其实就是"不撒谎"——无论是对自己，抑或是对别人。

有位齐国人，每天总是满脸油光、醉醺醺地回到家。

有好几次，他的妻子都十分好奇地问他："每晚和你一起吃吃喝喝的，都是些什么人呢？"

"都是有钱有势的大人物哟！"每每面对妻子的疑问，这人总是万分得意地答道。

"这就怪了！"某天，他的妻子大惑不解地，悄声对这人的妾说，"我们的丈夫常提及自己和有钱有势的人物一起吃喝，但是，我却不曾见过有任何显贵人物来到我们家里呀！"

于是，隔天清早，当丈夫一步出家门，他的妻子便蹑手蹑脚地，跟在他的后面。

只是，走遍全城，都未曾遇上与自己丈夫说话的人。

就在妻子心中疑云满布之际，不知不觉，她发现自己已尾随丈夫出了城，来到东郊的墓地。

这时，只见这位齐国人走向来此扫墓的人们，涎着嘴脸，向那些人乞讨他们用以祭坟的残羹剩饭！

而且，将碗盘全都舔得精光，之后，他又到别处去继续行乞。

"原来，这就是他酒醉饭饱的方式。"亲眼目睹此情此景，妻子不禁心如刀割。

这位齐国人的妻子面容惨淡地回到家中，将所见转述给妾，并叹道："没想到，我们的丈夫，竟是这样的人！"

而对此毫不知情的丈夫，当晚，仍大摇大摆地回到家。

每想起这则出于《孟子》的故事，我常同时想起另一则《伊索寓言》里的故事：

有个牧童，正竭尽所能地，试图唤回一只山羊。

但他吹了许久的号角，这只山羊，却仍全然不理会他。

牧童只好拾起一块石子，向山羊扔去。

不料，这飞出的石子，却打断了山羊的角。

当山羊缓缓走回牧童面前，牧童忍不住恳求山羊："请你千万别将'我打断了你的角'这件事告诉你的主人，好吗？"

"傻瓜！"山羊回答牧童，"我虽然可以答应你，可是，我被打断的角，自会将此事告知我的主人呀！"

蓄意说谎、作假，以为可借此掩人耳目，是绝对不可能的。因为，即使瞒得了一时，但是，在事实面前，所有的谎言，终将原形毕露。

诚信者的永恒信念

　　蓄意说谎、作假，以为可借此掩人耳目，是绝对不可能的。因为，即使瞒得了一时，但是，在事实面前，所有的谎言，终将原形毕露。

为所当为，无所迟疑

　　无论是感情，抑或其他，倘使我们希望自己与他人的生命，都能在人生路上日益愈显绽放，那么，即便过程使人痛苦不堪，我们仍不能进行掩住双眸、枉顾那些实际上是自己该做的事，让它们只因一己怯懦，而有所延宕呀！

　　前几天的傍晚，我在书店巧遇多时不见的同学。

　　很开心地打过招呼，旋即发现他的身旁，少了位过往总相伴左右的她。

　　走进书店附设的小咖啡座，我开心地轻轻问道："她呢？"

　　"分手了。"他以极尽平淡的语调说。

　　"为什么？"

　　"她遇到一个人，说想跟对方在一起，要求和我分手。我不答应。但是，她仍执意与对方在一起！我以为她只是一时情迷，待新鲜感过了，就会回来。"

他顿了一下，啜了口咖啡，继续说："我等了她一年。一年后，她仍与对方在一起。其间，有几次，我遇见她，看她的笑容，是那么明显地，比和我在一起时快乐得多；而且，也曾听其他朋友提及，她现在过得很平静、愉悦。我不是没有挣扎过，可是，我扪心自问：如果，我真的爱她，是不是，就该让她活出属于她的幸福呢？于是，我决定松手，并加倍予她祝福……"

能做出这样的决断，实在相当不易。尤其是在感情上。

然而，无论是感情，抑或其他，倘使我们希望自己与他人的生命，都能在人生路上日益愈显绽放，那么，即便过程使人痛苦不堪，我们仍不能掩住双眸，枉顾那些实际上是自己该做的事，让它们只因一己怯懦，而有所延宕呀！

某天深夜，一位将军带着一份公文，来到美国总统林肯面前。

"怎么了？"望着神色异常的将军，林肯问道。

"报告总统，我们刚刚捉到一个逃兵。依军法，逃兵应立即被枪决，所以，请总统现在马上批示这份文件！"说完，将军便将自己手上的签呈递向林肯。

"这位士兵……为何要脱逃呢?"看了看这份正等待自己批示的公文,林肯再度开口问。

"这个逃兵是家中独子,他想回家照顾重病的母亲,可他提出的假单,却未被批准,所以,他逃离兵营,想尽快赶回家。"将军回答。

听完将军的话,林肯随即盖上签呈,将它递还给将军。

然后,林肯对满眼疑惑的将军说:"既然如此,我想,把这年轻孩子的生命留在世上,要比现在就将他送入地府,会让他更有作为吧?!"

林肯的选择,让我想起一则《战国策》上的故事:

某日,魏文侯先向守林人预约了日期。

但到了预约的那一天,魏文侯却正巧要在宫中设宴款待左右大臣。

于是,当天,只见大伙儿的酒兴正浓时,魏文侯却突然站起身来,往外走去。

在座的大臣们看到魏文侯起身离开,纷纷出言阻止:"大王,现在大家正喝得高兴,您要到哪儿去呢?"

"先前,我已向守林人预约了时间,所以,今天难得大家喝酒喝得很高兴,可是,我还是得过去一趟!"魏文侯一本正经地向众人解释完毕后,便走了出去。

无论我们置身于任何年代，身处何种人际关系网络，若现身眼前的，真是自己该做的事，不欲自欺欺人的我们，又何须让自己的脚步因故迟滞不前？

"人类经常必须为所为而为之！"

不论我们为人处世依循的，是人情或义理，歌德的这句箴言，读来始终历久弥新。

诚信者的永恒信念

人类经常必须为所为而为之！

永远永远，不忘"善念"

毕竟，人之相与，首重良善的真心诚意；作为在人生路上彼此相互扶持的朋友，不是更应长久如此吗？

和他分手之初的一个下午，我一个人在家，心里备感无助且无所依靠。

想打电话听听朋友对我说话的声音。但又不好意思在上班时间，打扰大多身为上班族的友人们。

最后，只好开了电脑，写了封 E-mail 给一位好友。

没料到，E-mail 才寄出没几分钟，电话居然响起。

"喂?! 是我! 我刚接到你的 E-mail，所以赶快打电话给你，你……还好吧?!"接起电话，话筒中传来的，赫然正是那位好友满是关怀的话语!

当时，我感动得随即掉下眼泪。

无怪乎歌德有言："非出于利己的善意行为，会带来最高最美的利息。"

好友以行动向我证明：人际相处的一切言语行为，倘皆本于发自真心的诚挚善意，必定为彼此情谊，添增许许多多动人的缤纷色彩。

有一只定居于陆地的老鼠，与一只多半住在水里的青蛙，偶然结成了密友。

某天，甚感无聊的青蛙心怀不轨，想恶作剧一番，便说服老鼠将他的脚，紧紧地缚在自己脚上。

最初，青蛙仅将与自己紧紧相系的老鼠，带到他们平时一起觅食的草坪上。

但不久，青蛙便一步步地，领着老鼠靠近自己所居的池塘。

等他们到了池边，青蛙便出其不意地，向池塘跳将进去。

如鱼得水的青蛙回到池里，自是欢天喜地；可只因与青蛙绑在一起、无从脱身，而连带被拖下水去的老鼠，没多久，就在池里溺死了！

之后，由于青蛙未将老鼠与自己缚着的脚解开，因此老鼠的尸体，便一直尾随着仍在池里快乐地游着泳的青蛙。

这时，一只正在万里晴空中盘旋的老鹰，看见了这具浮荡于池面的老鼠尸体，迅即飞下将它抓起，带到半空中。

而那只对自己的老鼠朋友设计了这恶作剧的青蛙，自然也随着被拖走的老鼠尸体，成了一饱鹰腹的盘中餐。

小时候每读到这则故事，我总是在想："彼此既是朋友，何以如此相待？"

毕竟，人之相与，首重良善的真心诚意；作为在人生路上彼此相互扶持的朋友，不是更应长久如此？

因为，我相信：唯有真诚的良善心意，方能深深打动人心。

有一回，英国首相丘吉尔受邀参加宴会。

席间，宴会主人悄悄走到丘吉尔身旁，附在丘吉尔耳畔，万分困扰地向丘吉尔诉苦："我发现：有一位贵宾偷了我家的银盘，放在他的口袋里！可碍于这位贵宾的身份，我不知如何是好。"

几分钟后，只见丘吉尔缓缓走向那位贵宾，向他悄声说道："我们俩的口袋里，都有一只银盘哟！不过，我们都必须将它物归原主，以免有辱自己的人格！"

这位贵宾听了丘吉尔的话，霎时满脸通红。

他立即转过身去，惭愧地将银盘放回原处。

　　记得美国散文家兼诗人梭罗曾说："传达真理的唯一方法，就是'亲切地说出来'。只有可亲的人说的话，才会被听进去。"

　　所谓的"亲切"，意即"真心与人易地而处，能站在他人立场，为对方着想"的良善心意吧?!

　　梭罗此言，仿佛在提醒现今人际接触频繁的我们：无论如何，别忘了那由衷的真诚善念呀!

诚信者的永恒信念
　　传达真理的唯一方法，就是'亲切地说出来'。只有可亲的人说的话，才会被听进去。

无分人事时地，始终如一

> 作为一个应允与自己真心携手，并总信守自己每一句承诺的诚信之人，我们的言行举止，是不分人事时地，都会自然而然始终如一呀！

某个下午，一阵子没碰面的好友与我相约。

夏日惯有的午后雷阵雨，不甘寂寞似的，在我们先后抵达相约地点的同时，也来参一脚。

好友与我便顺势在滂沱大雨中，躲进小咖啡馆里聊天。

只是，被身为袋鼠族的好友带在身边的 3 岁小男生，毕竟不耐久坐，直吵着要出去玩。

"你看，外面雨下得这么大，如果你现在出去的话，你的衣服、鞋子，不是会全弄得湿湿脏脏吗？等雨停了，我们再一起到旁边的小公园去玩，好不好？"好友婉言对她嘟着嘴的儿子说。

在一旁的我，见慢慢静了下来的小男孩仍闷闷不乐状，便也一面帮腔，一面伸出小指，和他打了勾勾。

总算，这活泼的小男孩难能可贵地捺着自己的性子，直到傍晚。

"妈！你快看——雨停了！快点，我们出去玩吧！"当好友与我正聊得起劲，等待多时的小男孩突然兴奋地叫了起来，仿佛要将窗外雨后的明亮阳光，带进（于他而言实在太过幽静的）咖啡馆里。

好友与我对望一眼。

虽说我们的谈话，得万分扫兴地被迫中断，但不约而同想起了一则故事的我们，还是站起身来，结了账，牵着小男孩的手走向小公园。

有一回，曾子的妻子正急着要出门，可她的小儿子，却哭闹着再三表示自己要跟她一起去！

为了安抚儿子的情绪，曾子的妻子只好对他说："若是你乖乖地留在家里，等我出门回到家，我就杀猪给你吃。"

果然，原先哭闹不休的小儿子，因此安静下来。

待曾子的妻子出门回家，她却赫然发现——曾子正捆起家里养的猪，准备杀了！

"天啊!"她连忙阻止曾子,"你在做什么?!我说要杀猪,不过是骗骗小孩子的呀!"

曾子听到妻子这么说,立刻抬起头来,正色对妻子说:"身为父母的我们,怎能欺骗小孩呢?尚不解事的孩子,什么也不懂,只会学习父母的作为;倘使你现在骗了他,不等于是在教他骗人吗?今天,母亲欺骗儿子;将来,儿子便不再相信母亲。这样的行为,还能称得上是教育吗?"

说完,曾子就二话不说,把猪给杀了。

"要随时诚实,特别是对待儿童。随时遵守对儿童的承诺,否则你会教导他们说谎。"

曾子的言行,恍若隔着时空,与出自《犹太法典》的这句话遥相呼应。

何止当我们面对孩童的时刻呢?作为一个应允与自己的真心携手,并总信守自己每一句承诺的诚信之人,我们的言行举止,是不分人事时地,都会自然而然始终如一呀!

而这,也才是一个真正的诚信之人当有的行为表征!

所以,歌德才会在他与米勒的对话中,提及"我是个敢作敢为的有为青年。我不会背地道人长短,会为

行善去为任何人服务；而且，我会始终如一地贯彻执行
这些行为！"

诚信者的永恒信念

我是个敢作敢为的有为青年。我不会背地道人长
短，会为行善去为任何人服务；而且，我会始终如一
地贯彻执行这些行为！

让"自知之明"长驻己心

倘若我们看待世界之时，都仅囿于自己的主观感觉，是不是，我们很容易就将完整的真实，以自己（实际上仍难免）有所局限的目光，切成了小小一块的假象，然后误以为这便是实情？

数周前的某个下午，我趁着法文课尚未开课前的短短假期，搭上新近通车不久的捷运小南门线，快快乐乐地，到西门町去看金马国际影展。

当天，到了电影院门口，我才极其意外地发现：由于临时更动，我（和其他所有与我看同场次电影的观众们）竟"捡"到了与导演面对面座谈的机会！

"导演是现居巴黎的越南人，在座谈会中，他大概会以法文发言吧?！如此，我倒可顺便测试一下自己的法文听力……"倏然得知这消息的我，在万分惊喜之余，心中同时暗暗打起如意算盘。

只不过，结果是：已学了约莫半年法文的我，在导演果真全以法文发言的整场座谈会中，完全听懂的话，仅有少少的一句，其余内容，全都听得七零八落。

走出电影院，心情虽不免因之略微沮丧，但我随即提醒自己："这样的'成果'，意味着你虽能听懂老师以法文讲解的课程内容，然而，实际上，你的法文听力，还得多多加强才是呀！"

无论身在何时何地，若想成为一个真正的诚信之人，我们必先得设法及时抹去那些不时弥漫于自己眼前心中的种种幻像，方能免于落入自欺欺人的陷阱。

齐宣王非常喜爱射箭。因此他在宫中的墙上，挂满了形形色色的雕弓。

而且，虽说齐宣王即便使尽吃奶的气力，也仅能拉动三石的弓，但他却最爱听人们赞许自己"臂力过人"！

一回，酒宴过后，齐宣王借着酒意，取出一张雕花角弓，并大喝一声，将手上的弓拉成满月状！

顿时，在座的文武百官，全都高声为齐宣王喝起彩来！

齐宣王在得意之余，便将手中的角弓递向大臣们，示意大家试着拉拉看。

只见大臣们一个个龇牙咧嘴，只拉开了那角弓的一半，便装出再也拉不动的模样。

事后，他们异口同声惊叹道："这弓不下九石，除了大王，哪有第二个人拉得动啊?!"

听到大臣们这么说，齐宣王不由得抚着自己的髭髯，志得意满地放声哈哈大笑了起来！

自此，他永远认定自己"能拉动九石的弓"！

这故事常让我想到：倘若我们看待世事之时，都仅囿于自己的主观感觉，是不是，我们很容易就将完整的真实，以自己（实际上仍难免）有所局限的目光，切成了小小一块的假象，然后误以为这便是实情？

有一天，一只驴子驮着一个神像，要到一座庙里去。

不料，当这只驴子途经城里的大街上时，人群竟蜂拥而至，一一伏在神像面前！

驮着神像的驴子见到这情景，以为这是人们在对自己表示敬意，立刻便骄傲地高高抬起头来，再也不肯往前走一步！

赶驴的人看驴子停下了脚步，就一面拿起鞭子打他，一面说道："你这坏东西！时至今日，我还不曾见过有人会向驴子膜拜呢!"

歌德有云: "人绝不可能被人欺骗, 根本是自己骗自己。"

而虚幻的假象, 又往往是每一个有意无意地骗了自己的我们, 为日后造成错误与失败的起始。

于是, 为自己燃起一盏自知之明的灯, 便成了亟欲恪守诚信之道行走人生的我们, 绝对不可或缺的举措!

诚信者的永恒信念

虚幻的假象, 又往往是每一个有意无意地骗了自己的我们, 为日后造成错误与失败的起始……

于是, 为自己燃起一盏自知之明的灯, 便成了亟欲恪守诚信之道行走人生的我们, 绝对不可或缺的举措!

切勿将时光虚掷于"拐弯抹角"

　　该说的话，终得说个分明；该做的事，也终究要依约实践。事实绝不容人们任意抹煞，即便它暂被掩蔽……

　　多年前，一位初识的朋友，正与我通电话。

　　突然，她天外飞来一笔似的，打断了我们原先的话题，对彼时仍是上班族的我说："唉，我在想，我们都是上班族，难免有些时候，在办公室里接到对方电话，但却正好手边有事，无法分心与对方说说话，以致让对方觉得自己心不在焉。与其因为一不小心，便毁损彼此情谊，还不如我们先约好，日后若遇上这种情形，就直接告诉对方：'抱歉，我现在正在忙，一会儿忙完了，再回电话给你。'好吗？因为，我们是朋友；而朋友之间，应该是坦诚以待的，对不？"

听到这儿，我低下头去，默默回想。

的确，不知有多少次，我总因此陷于左右为难，造成自己"既对不起打电话来的朋友，又没处理好手中工作"的境况。

答应这位朋友的同时，她的直言无讳，也让我想起过去曾读过的一段逸事。

一位任职于奥美广告公司的业务经理，写了封信给创办奥美的大卫·奥格威，问他"认为自己最大的缺点，是什么"。

没料到，喜欢开列清单的奥格威，竟亲自回复了一封这样的信——

1. 我无法忍受庸碌、平凡，以及懒惰。

2. 我浪费了太多时间，在那些琐碎且一点也不重要的事情上。

3. 一如所有同龄的人，我总爱谈往事。

4. 在面对那些其实早该开除的员工时，我总无法当机立断立即开除他们。

5. 我害怕搭飞机。而且，我会想尽办法，让自己可以不搭飞机，就不搭！

6. 我在纽约担任创意总监时，自己动手写了太多广告。

7. 对于财务，我一无所知。

8. 我常改变自己对广告、对人的观点。

9. 我说话太过坦白无讳，致使我经常出言不逊。

10. 我总透过太多角度检视所有争议。

11. 我太容易因肉体之美而感动不已。

12. 我极易感到无聊乏味、兴致索然。

能如奥格威这般直视并坦言自己的缺点，真是不易！

因为，对于那些常是不甚完美的实相，我们往往唯恐避之不及。

于是，在人生路上，我们便不时绕道而行，早已忘却唯有"直接"，才是我们通往真实的捷径！

记忆中，小时候听过一则故事：

有一位游者行至一片沙漠之时，遇见了一个孤独地站在那儿、看起来满怀哀伤的女人。

他便开口问她："你是谁?"

"我是真实。"女人答道。

"你为何离开城市，独自来到这荒野中呢?"游者继续问。

"这是因为：从前，虚伪仅与极少的人在一起；但如今，他却几乎与所有人为友！他满布于人们听到的言语，甚至是人们口中说出的话！"真实悲恸地如此回答游者。

有时想想，自己会对朋友当时的话语，以及奥格威的那封信，都留下如许深刻的印象，是不是正由于身旁的人们和某些时候的自己，都像故事里的"真实"所言，在交谈时，总浪费时间、心思与气力，在那些（根本仅是）华而不实的言辞上？

然而，该说的话，终得说个分明；该做的事，也终究要依约实践。事实绝不容人们任意抹煞，即便它暂被掩蔽。

诚信者的永恒信念

　　因为，我们是朋友；而朋友之间，应该是坦诚以待，如此关系才能长久。

拒绝与幻影进行无谓格斗

在历经许许多多好好坏坏的事情后，如今，我才终于了解：即使坦诚相对，也不会无故消逝无踪的，便是真实的所在！

有位农家姑娘，某日，正顶着一桶牛奶，在路上走着，走着……

途中，她忽地念及："我头上这桶牛奶卖得的钱，至少可买 300 个鸡蛋。而这些鸡蛋即便扣除意外损失，好歹也可孵得 250 只小鸡。待家禽价格飙到最高之时，这些小鸡，也差不多大到能出售了，如此，卖掉这些小鸡，我便可得到一笔钱，为自己添购一件新衣裳！而到了圣诞夜，当穿着这袭美丽新衣的我去参加宴会，那时，所有对我惊为天人的年轻男子，都会来向我求婚，可我却摇摇头，——拒绝他们。"

想到这儿，她情不自禁地，摇了摇头。

说时迟那时快，她头上的牛奶桶，瞬间因而掉了下来！

而这位农家姑娘正做着的美梦，便也随之就此幻灭。

错将虚幻假象置于原属真实的位置上，并与之持续交谈，真可谓人生中最最严重的误解与浪费！

只是，身处花花世界的我们，不免因困于种种美丽幻像，而经常感到迷惘，终至无从明辨二者。

"因大于实际的自满，而无法评断自己真正的价值，是一项最大的错误。"

这则众人自小耳熟能详的故事，总令我想到歌德此言，以及另一则童话：

很久很久以前，有一位王子最大的心愿，就是娶一位真正的公主。

因此他离家环游世界，意欲寻找他理想中真正的公主！

但是，由于王子始终无法判别"在各地的众家公主中，到底哪一位才是真正的公主"，最后，他只得黯然返家。

不久，在一个雷电交加的暴风夜晚，一位浑身湿透、模样狼狈至极的公主，来到了这个国家的城门外。

这位公主对老国王和老皇后说："我是真正的公主，真的!"

"先别说这些，赶紧进来吧!"老皇后一面对这位公主说，一面在心里暗道，"我们迟早会知道你是不是真正的公主!"

与老国王一起迎进了这位公主，之后，老皇后便独自走进一间寝室。

她先移开这寝室床上的所有棉被，在床板上放了一粒豌豆。

然后，她再在那张床上，重新铺上20床棉被，并在这些棉被上，又叠上20个羽毛垫!

当晚，这位公主，便被安排在这张床上睡觉。

隔天早晨，老皇后问公主："昨天晚上，你睡得还好吗?"

"不好! 一点儿也不好!!"公主不假思索地立刻回答，"整个晚上，我都无法合眼! 床底下，好像有什么硬物搁在那儿，一直让我难受得要命!"

听到公主的话，老皇后随即明白：眼前的这位，的确是真正的公主!

"在铺了20床棉被和20个羽毛垫的床上，竟还能感觉到下面有一粒豌豆的存在！除了真正的公主，还有谁可能拥有如许纤细的感觉呢？"老皇后对至此终能结束寻觅的王子如是说。

曾经，我也如同这则童话里的王子，不懂得如何在诸多虚假中分辨出何谓真实，遑论面对。

在历经许许多多好好坏坏的事情，如今，我才终于了解：即使坦诚相对，也不会无故消逝无踪的，便是真实的所在！

而若我们都及早能澄清何为真实、何谓幻影，立意成为诚信之人的我们，也就不需与（根本不存在于一己人生中的）种种幻像，进行一次次无用的格斗，一如那位农家姑娘。

我们可以直接——拒绝它！

诚信者的永恒信念

　　因大于实际的自满，而无法评断自己真正的价值，是一项最大的错误。

CHAPTER 6
诚信者的智慧

必先充分了解，而后诚信以待

　　需得在付出诚信之前先对对方有所了解，并非是要我们刻意对人心存疑惧，只是，为免坚守诚信之道待人的我们误信小人，甚至因而遭致祸害，是以在决定对人赋予全然信任前，必先奠基于长期试炼。

　　由于不擅作假，后来，在初识的友人面前，我总是仅先展露少量的自己。

　　这么做的唯一理由，是我无法预知惯以赤诚之心待人的自己，会不会，在哪一天，又再如过往于种种人际关系中曾经遭遇的那样，被恶意误解，乃至被斫伤。

　　或因事事讲求速度使然吧?!生活在网络时代的人们，似乎总不愿多花一丁点儿的时间与心力，去细细辨识、了解别人言语及心中的真意。

　　"当人们复述别人的话语之时，总会将别人的话做极大改变。那是因为：他根本不了解别人的话。"

百余年前，歌德即如是说道。

"了解"不仅可为我们密密麻麻的人际关系，免去许多原就不必要的误解与伤害，更重要的是若没有它，我们该如何在这常是尔虞我诈的世界里，明辨自己付出的百分百真心诚意与信任，是否不慎错置对象？

当魏文侯决定任命乐羊为领军攻打中山国的主将后，朝廷内外，便不时有人劝阻魏文侯："大王，乐羊的儿子乐舒，可是在中山国担任显要官职的人呀！您怎能让乐羊一肩挑起这要务呢？"

然而，在针对此事进行极为详尽的了解后，魏文侯仍不改初衷，依旧派乐羊率领军队，前往中山国。

不料，待乐羊领军抵达中山国，中山国的国君，却数度要任职于中山的乐舒，去为自己要求乐羊"延迟攻城时间"。

而乐羊便也顺势，让魏国的军队一直驻守在中山国城门外，久久没有发动攻势。

如此，一个月，两个月，三个月……

这消息传回魏国，朝中的大臣们，自是对此怨声载道；而关于乐羊的诸多谣言，更是甚嚣尘上。

这时候，只有魏文侯一个人，仍对乐羊坚信不移——他相信，乐羊之所以迟迟未攻城，定有他的道理，绝非如传言所指，是肇因于他的儿子乐舒。

事实上，也正如魏文侯所认定，乐羊不攻城，确实自有其道理——他等待着，等着要让中山国的百姓们，亲眼目睹他们的国君是如何的不讲信用，以致他一次又一次地，要求乐舒来向身为敌军主将的自己，延后魏军的攻城时间。

过了不久，中山国的国君为了胁迫乐羊，便下令将乐舒煮成肉羹，差人送给乐羊！

见到这肉羹的乐羊，力持镇定地坐在军帐下，端起它，逼自己硬生生地吞了下去。

之后，乐羊随即下令攻城！

至此，因中山国国君果如乐羊所料，已彻底失去了百姓对他的信任，所以，面对魏军的进击，中山国一战即败。

待乐羊凯旋归国，魏文侯不但亲自出城迎接乐羊，还为他举行了盛大的庆功宴。

在庆功宴上，魏文侯赐予乐羊两箱礼物。当乐羊回到家，将这两个箱子打开一看，才发现：里面，竟全都是大臣们弹劾自己的奏章！

于是，翌日，乐羊赶紧去向魏文侯谢恩。

　　需得在付出诚信之前先对对方有所了解，并非是要我们刻意对人心存疑惧，只是，为免坚守诚信之道待人的我们误信小人，甚至因而遭致祸害，是以在决定对人赋予全然信任前，必先奠基于长期试炼！

　　一如因先前已有充分的了解，魏文侯才能真诚地对乐羊如此信任。

诚信者的永恒信念

　　当人们复述别人的话语之时，总会将别人的话做极大改变。那是因为：他根本不了解别人的话。

应允之前，先衡量个人能力

> "应允，就要履约"是"尊重对方，同时也尊重自己"的真心信守承诺的表现。

有一头牛，来到池边喝水。

一不小心，这头牛踩到了一群小青蛙！其中一只，因此而死去。

不一会儿，这些小青蛙的妈妈回来了！

迅即发觉自己少了个儿子的青蛙妈妈，急切地问她的孩子们："到底，那孩子上哪儿去了呢？"

"亲爱的妈妈，他死了。"幸存的小青蛙们围在妈妈身旁，七嘴八舌地答道，"方才，有一只巨大的四足兽来到这池畔，并用他的蹄子踏死了我们的兄弟！"

青蛙妈妈听到孩子们的话，旋即鼓胀起自己的肚腹，问道："那四足兽的大小，是不是像这么大？"

"妈，你还是不要鼓气了吧!"小青蛙们见到妈妈的举措，连忙对她说，"请别生气——实际上，即便您竭尽全力地鼓气，但是，在您尚未成功地获得与那四足兽一般大小之前，您的肚子就会先胀破了!"

如今重读这则幼年曾读过的故事，令我不自觉联想起《世说新语》中另一则与此相对的故事:

某日，王仲祖、刘真长与林支遁三人，约好了同去拜访何次道。

不料，当他们到了何次道家里，却只见何次道始终埋首读书，完全不理会来访的他们!

他们三人捺住性子，等了又等，等了又等。

终于，王仲祖再也按捺不住!他大声对何次道说:"我们今天专程来拜访你，是希望你能将自己的日常事务全都放下，好以那些玄妙的言论，与我们三人清谈一番;所以，你怎能自顾自地一味读着书，而全然不理睬我们呢?"

何次道这才抬起头来，望了望他们三人，说:"可是，我若不先读完这些书，哪有多余的时间与心力，来和你们清谈呢?"

听了何次道的话，三位访客才恍然大悟，并一致认为他这么做，是再好不过的了!

若真是一己能力根本无法负荷之事，我们又何必如同青蛙妈妈那样逞强呢？

倒不如像何次道，不自欺欺人地实话实说。

而这两则故事，也让我想到有一回，一位好友与我相约去看电影的往事：

那天，好友与我正在电话中讨论：隔天该去看哪个场次的电影，对我们两人各自的时间安排，才都较为合适。

"那就。看早场吧！"好友以略显迟疑的语气说，"而且，早场的票价比较便宜。"

"可是，你起得来吗？即使我先去买票，你确定自己真能在电影开演前，依约抵达电影院门口吗？"因熟知好友向来惯于晚睡晚起，对于他的提议我不禁有此一问。

好友在电话那端，如释重负地笑了笑，说："算了！我们还是看下午两点半那场吧！"

"应允，就要履约"是"尊重对方，同时也尊重自己"的真心信守承诺的表现。

倘使扪心自问，自己真无法履行这约定的话，那么，又何必为了某些（或许是自己不愿承认的）理由，而勉强自己在答应对方后，才草草敷衍了事呢？

　　"如果这世界要求人们得完成所有的事情时，人们必须先衡量自己实际拥有的能力。"

　　歌德此言，值得深思……

诚信者的永恒信念

　　如果这世界要求人们得完成所有的事情时，人们必须先衡量自己实际拥有的能力。

当诱惑迎面袭来，仍恪守本分

　　无论身在职场，或是回到一己的日常生活，只要我们所遭遇的事情，一涉及感情、权力与金钱，往往，它，便会成为我们难以抗拒的强烈诱惑。

　　贪污、盗窃、斗争、外遇、援助交际⋯⋯

　　愈来愈觉得，无论身在职场，或是回到日常生活，只要我们所遭遇的事情，一涉及感情、权力与金钱，往往，它，便会成为我们难以抗拒的强烈诱惑。

　　而且，无分古今中外，尽皆如此！

　　难道，只因诱惑令人心动难于抗拒，立意循诚信之道行走人生的我们，便轻易忘却自己曾与自己真心的约定？

　　齐景公时，由于齐国饱受外敌侵略，败仗连连，因此齐国的宰相晏婴，向齐景公推荐了一位足堪胜任大将的人才——田怀苴。

齐景公见田怀苴文韬武略样样精通，随即任命他为大将军！

接受任命的同时，行事严谨的田怀苴也向齐景公建议："小臣人微权轻，所以，希望大王能派一位为您所信任且为国家所尊重的大臣，来担任监督军纪的监军。如此，小臣更有打胜仗的把握！"

齐景公认为田怀苴所言甚是有理，便指派自己最信赖、亦为朝中最有威望的大臣——庄贾，担负起监军一职。

辞别齐景公后，田怀苴立刻前去与庄贾讨论出兵作战的相关事宜。两人并约定：次日中午，于军营门前集合出征！

第二天，田怀苴一早便赶到军营，并等待监军庄贾的到来。

然而，他等了又等，却始终没等到庄贾的身影！

原来，权倾朝野的庄贾，此刻正与那些为自己设宴饯行的亲朋好友，聚在一起大吃大喝，早将自己与田怀苴的约定，给远远抛到九霄云外去了！

直到黄昏时分，庄贾才醉醺醺地赶到军营门口。

早已心急如焚的田怀苴，不禁对此万分恼火！

一见到庄贾，田怀苴便厉声质问他："庄监军，请问您何以迟到、违反军纪？"

谁知，此时仍带着酒意的庄贾，竟毫不在乎地回答："亲朋好友们来为我饯别，大伙儿一起吃饭喝酒，不知不觉，就耽搁了时间。"

听了庄贾的话，田怀苴强抑胸中燃起的熊熊怒火，严厉地说道："身为军队将领，接到命令后，就该忘掉自己的家庭；待抵达军营、做好战斗准备，就该忘掉父母；而当置身战场、与敌军对阵作战时，便应该连自己都忘记。这，才是一个称职的将领应有的作为！如今，眼见外敌入侵、国难当头，你竟还安心喝酒，以致贻误大事，身为监军，你可知罪？"

说到这儿，田怀苴顿了一下，回头问军法执行官："违反军纪迟到者，依军法，该当何罪？"

"应处以'斩首'。"军法执行官答道。

"好！那就依军法行事，即刻将庄监军斩首示众！"田怀苴厉声下令。

此后，田怀苴号令三军，将士们无不震动！而这支纪律严明的军队，也自此战无不胜！

古人常言："一诺千金。"庄贾恐怕早已忘记。

即便那近在咫尺的诱惑，是如何令人心动不已，本着"尊重他人、尊重自己"的真心诚意，无时无刻守护住我们与自己、与其他人、事的种种约定，才能为生命创造无限美景。

时至今日，我依然如此相信！

诚信者的永恒信念

即便那近在咫尺的诱惑，是如何令人心动不已，本着"尊重他人、尊重自己"的真心诚意，无时无刻守护住我们与自己、与其他人、事的种种约定，才能为生命创造无限美景。

为人处世，无须存心耍诈

"与其如此追逐不休，我还宁可你老老实实地对付我哩！因为，你这样的追逐，令我不禁怀疑：如果你是我的朋友，为何你要凶狠地咬我？而若你是我的仇敌，那么，为何你又会对我开玩笑？"

有一段时日，面对形形色色的人际关系，我总感到极度的疑惑与疲乏。

某一晚上，一位旧友打电话来闲聊。知道那段时间的我，一直为此困扰不已的她，便顺势与我聊起她和她的两位友人之间的情谊变化。

"……虽然她们两位，是我在职场上同时认识的工作伙伴，可是，我们全都相继离职后，其中一位，后来始终仅与我保有工作上的联系——交换彼此对工作或作品的意见，以及找我合作，好像我们之间除去工作，再无其他；但另一位，在有关工作的接触之外，其间，她更与我保持了生活层面的接近——相互关心彼此近况，也在难免低潮时，相互给予陪伴和鼓励。虽说人与人的情谊发展，多少凭借缘分，然于我而言，前一位，一直只是'同事'；而后一位，却早已跨越当初联结我们的物事，成为我生命中不可或缺的'好友'。"

固然我们与"同事"和"朋友"的相处分寸有所差异，但是，在各式各样的人际相处间，除去不可知的缘分使然，或许，其中，还应该有些什么吧?!

多年来，我总记得作家子敏，曾在他的《和谐人生》书中提及：在他工作最为忙碌之时，与他亲近的知心好友，常与他在"谅解的气氛"中，以"他谈他的，我写我的"的方式谈天。

而且，以此种方式与友人"交谈"的子敏先生，不仅能一字不漏地，听进朋友的每一句所言；他自己的文思，也绝不会因之紊乱呢！

"'你写你的，我说我的。'能跟朋友做这样亲切的安排的，朋友之间能这样互信不疑的，在人间，实在是少数，幸福的少数。"在这篇文章里，子敏先生如是写道。

能拥有这样令人称羡的友谊，确是不易！尤其这世上，常有太多太多关乎自身欲望或利益的人、事、物，一次次挑逗着我们，使我们稍一不慎，便毁弃了自己原有的情谊。

特别是动辄攸关厉害的职场人际关系，更是如此！

然而，立意作为诚信之人的我们，无论如何，都不能仅为逞一己私欲，便全然忘却了我们在种种人际角色的扮演上，仍应有的一份基本的真心诚意呀！

有一只猎犬，在山边觅得了一只兔子！

有时，这只不断追逐着兔子的猎犬，会猛然龇牙咧嘴地扑向兔子，仿佛它立刻就要夺去它的性命般；但有时，它却又对兔子嬉皮笑脸，恍若在与它的猎犬同伴们玩耍那样。

最后，不堪其扰的兔子，终于正色对这只猎犬说："与其如此追逐不休，我还宁可你老老实实地对付我哩！因为，你这样的追逐，令我不禁怀疑：如果你是我的朋友，为何你要凶狠地咬我？而若你是我的仇敌，那么，为何又会对我开玩笑？"

虽说"害人之心不可有，防人之心不可无"，且作为"朋友"与作为"同事"（以及作为其他更多的人际角色），相处之道毕竟大相径庭，但是，我们以真挚诚心待人处世的态度，却终究不能稍有或忘，甚至存心要诈呀！

诚信者的永恒信念

　　能拥有这样令人称美的友谊，确是不易！尤其这世上，常有太多太多关乎自身欲望或利益的人、事、物，一次次挑逗着我们，使我们稍一不慎，便毁弃了自己原有的情谊。

不以小利而心动

面对种种挑动一己欲望的诱惑，这世上有几颗蠢蠢欲动的心，真能一秉待人处世应有的诚信之道，清醒地勘破诱惑的迷人色彩、勇气十足地直视真实面相呢？

某日，夜深人静，有一个小偷，偷偷摸摸地，走进了一户人家。

当他一如往昔地故技重施，将自己事先预备好的肉片，抛向这户人家所饲养的狗儿时，没料到，这只狗竟定睛看了看小偷，然后，朗声对他说："如果你是想利用肉片来堵住我的嘴，那么，你根本是白费心机！因为，这些凭空而降的肉片来得如此突然，这，只会使我反以更加谨慎的态度来面对它们！我想，恐怕在你给我这恩惠的背后，你是想为自己的私利，来伤害我的主人吧？！"

面对种种挑动一己欲望的诱惑，这世上有几颗蠢蠢欲动的心，真能一秉待人处世应有的诚信之道，清醒地勘破诱惑的迷人色彩、勇气十足地直视真实面相呢？

每读到这则故事，便不禁感慨万千的我，也常因之回想起以前在杂志社上班时的一件往事：

某回，一位与我共同负责该期杂志专题报道的同事，和我一起去采访一位业界的知名人士。

那天，采访进行得相当顺利。因此将近中午 12 点，我们就结束了工作。

"一起吃个饭吧？"当我们正收拾东西，受访者却出言邀约。

同事与我对望一眼，交换了一个不置可否的眼神。

"好啊！"我们无可无不可地答应了。

在兼售快餐的咖啡厅里，这位受访者兴致盎然地，仿佛意欲延长采访时间似的，继续与我们聊了许多许多。

只是，当午餐结束，受访者见同事与我各自拿出皮包、准备付账，竟眼明手快地一把拿走桌上的账单，对我们说："不用了，我请你们！"

"这样，不好吧？！"同事与我当下立即皱起眉头！

"没关系！没关系！"受访者一连声地说，"这是应该的!"

"应该的?"同事与我满腹疑云。

顾不了受访者的感受，我们仍坚持自付餐费!

纵然彼此相谈甚欢，但在"采访者"与"受采访者"之间，毕竟仍有工作上的分际，是身在职场的我们必须严守的呀!

更何况，同事与我充其量，只是尽忠职守地执行了自己分内该做的工作而已，别无其他，无功不受禄。

但最恐怖的是，当期杂志出刊后，那位受访者竟以同事和我曾留下与其共餐为由，来电质问我们:"何以采访这么久，竟未写成专访?"

"人与人之间，怎会变成这样?"一面暗自庆幸当天未让对方逾矩请客的同时，同事与我的心里，却也不免为之一寒。

"想在媒体上多多曝光"的心情，身为媒体工作者的我们都能体会;可是，有必要做到这样吗?

固然"功成名就"似乎是人尽皆有的想望，但正所谓"君子爱财，取之有道"，人之相与，终不能在一己的人际角色扮演上，全然忘却最基本的诚信之理呀!

记得在希腊神话里，当奥林匹克竞技开始之前，所有的参赛者，都必须到裁判面前集合，并宣誓自己在竞赛中，"仅运用正当且名誉的手段，绝不使出任何谋略！"

因为，参赛者的努力，应该是为了赢得"信义的荣耀"而竭力倾注其中的，才是啊！

诚信者的永恒信念

固然"功成名就"几乎是人类皆有的想望，但正所谓"君子爱财，取之有道"，人之相与，终不能在一己的人际角色扮演上，全然忘却最基本的诚信之理呀！

与人性陷阱保持安全距离

人性往往是脆弱、禁不住诱惑的……

那一年，有位印第安男孩即将成年！

为了向众人证明"将迈入成年之龄的自己，确有资格成为村里成年男子的一员"，这个印第安男孩，决定独力登上山的巅峰！

于是，这一天，他穿上了鹿皮衫，并另行罩上一件毯子，就向山顶出发了！

经过漫长的费力攀爬，这个印第安男孩，终于抵达了峰顶！

不过，就在他举目四望、情不自禁地欢呼起来的时候，他忽地听到自己的脚边，传来一阵窸窸窣窣的声音响。

男孩低头一看——原来，是一条响尾蛇！

他吓了一大跳，连忙倒退了几步！

没料到，这时，这条响尾蛇却开口苦苦哀求这个印第安男孩："请不要走！我又饿又冷，好久好久……请你好心地让我躲在你的衬衫里，跟着你一起下山，好吗？"

"不行！"男孩想也没想，便一口回绝，"你知道，你是一条响尾蛇耶！倘使我让你躲入我的衬衫，你一定会咬死我！"

"不会！我向你保证，我绝不会这么做！"响尾蛇继续哀求男孩，"所以，求求你，带我到另一个温暖、有食物的地方去，好不好？"

听到这儿，这个心地善良的印第安男孩再也不忍拒绝。

他便依响尾蛇所言，将他藏在自己的衬衫里，带下山去。

当他们回到山下，男孩将响尾蛇放回地上……

毫无预警地，这条响尾蛇，竟猛然回头攻击男孩，并在他的手腕上，狠狠地咬了一口！

"你答应过，说你不咬我的，为什么？"这个惨遭蛇吻的印第安男孩在断气前，气若游丝地问道。

"我无法不咬人，"响尾蛇回答他，"你明知我是一条响尾蛇，而你也很清楚你自己在做什么呀!"

很多时候，我们总刻意欺瞒自己似的"明知山有虎，偏向虎山行"，忘了诚实面对真实的自己，更忘了与我们人人都有的种种人性陷阱，保持一定的安全距离，甚至高估一己能力，刻意向它们挑战。

如此作为，真符合所谓诚信之道吗？

这则流传于印第安民族的古老传说，不仅总让我想到这些；且这故事中的响尾蛇对于男孩，也犹如咖啡对于我。

因为，从以前到现在，每逢截稿时间迫在眉睫，精神便较平日更加不济许多的我，每天，总亟须在写稿工作正式鸣枪起跑前，为自己准备一杯香香浓浓的咖啡，借以赶走那怎么也挥之不去的睡意。

即使我明知自己不甚强健的身体，根本禁不起咖啡的再三摧残……

而且，仿佛正应了星座书上的描述，事实上，个性受到强烈双鱼座力量牵引的我，之后，当会就此自然而然地，以这每天一杯的咖啡为起点，进而开始无可救药地，酗咖啡。

因此在医生的严厉警告下，只要一脱离工作时间，对自己这不良习性心知肚明的我，便不时喝令自己得竭力遵守自己与医生的约定——强迫自己老老实实地，尽可能避开咖啡及咖啡杯、咖啡馆等相关物事，以免一次次轻易给它前来诱惑我的机会！

没办法，平凡如我者必须坦白承认：人性往往是脆弱、禁不住诱惑的。

毕竟，懂得为自己避开诸多人性陷阱的人，也才是真正有能力循诚信之道漫步人生的诚信之人啊！

所以托尔斯泰谆谆告诫我们："自认聪明的人没有智慧可言。"

诚信者的永恒信念

自认聪明的人没有智慧可言。

要能看透谎言的迷雾

待人处世之时，诚信固然重要，但若现身自己眼前的，不偏不倚，正是个口蜜腹剑的人，向来不愿以小人之心度君子之腹的我们，仍不得不察呀！

或许，人常是自私的吧?!

所以，生活中的诸多场景（尤其是办公室）里，身旁总不时漫起谎言的迷魂阵，令向来诚信待人的我们，稍一不慎，便如坠云里雾里。

某日，正在树林里觅食的老虎，发现了一只狐狸！

饥肠辘辘的老虎，迅即扑上前去逮住狐狸，想好好地饱餐一顿！

然而，这只命在旦夕的狐狸却一面挣扎，一面对意欲扑杀自己的老虎高喊道："慢着！你不能吃我！因为，我是万兽之王！"

"别闹了！谁会相信你的鬼话?!"饿极了的老虎完全不相信狐狸所言，自顾自张大了嘴。

"等一下!"狐狸连忙大声喝阻老虎，"倘使你不相信我，我可以证实给你看!"

"哦?! 如何验证?"虽然对狐狸的说法仍嗤之以鼻，不过，听闻狐狸此言，老虎果真停下了自己的动作!

"我走前面，你走后面，我们一起到树林里绕一圈。如此，你就能亲眼目睹'其他动物都害怕我'的实情了!"狐狸说。

"好!"

老虎点头答应，并立即跟在狐狸身后，走着，走着……

一路上，树林里的许多野兽，一见到他们走近，便都吓得马上拔腿就跑!

眼见此情此景，老虎不禁误以为狐狸真是万兽之王。

当我们面对："狐假虎威"，乃至于更多更多在这世间、较此更加难以揭穿的种种假象，往往，我们不免不由自主地，便让自己陷于极度疑惑的情绪中，进退维谷，不知如何是好。

可是，若我们不能看透谎言织就的茫茫迷雾，并在其间设法寻得事实真相，致力成为诚信之人的我们，岂不功亏一篑？

有一只狮子，很想去捉一头公牛。

但是，由于畏惧公牛较自己巨大得多的体型，狮子一直不敢直接扑杀公牛，只得暗地设下诡计。

那一天，狮子走近公牛，面容和善地邀请他："亲爱的公牛，我预备宰杀一只肉质上等的羊，若你愿大驾光临寒舍，与我共享这羊的美味，我一定会觉得非常高兴！"

可当公牛依约走进狮子家中，一眼望见一支置于一旁的巨型尖铁棒，以及另一只庞然大物的铁镬，且始终不曾在此见到羊只的踪影时，这头公牛便一言不发地，悄然离开了狮子家。

赫然发现公牛已不告而别的狮子，随即出门追上公牛！

狮子万分不悦地质问公牛："我又没有得罪你，怎么你连谢也不谢一声，就立即离开了呢？"

只见公牛冷冷地答道："我在你的屋里，一点也看不出你打算宰杀羊只的形迹；反倒是非常清楚地，发觉你要宰杀我的种种准备哩！因此，我有十足的理由支持自己的举动!"

犹如这故事里的公牛,后来,我才了解:待人处世之时,诚信固然重要,但若现身自己眼前的,不偏不倚,正是个口蜜腹剑的人,向来不愿以小人之心度君子之腹的我们,仍不得不察呀!

因为,此时,不守诚信之道的人,不是对人心存怀疑的我们,而是心怀不轨的对方!

总昧于事实真相、而误信不守诚信之人,只会令立志以诚立身处世的我们,更长时间地与诚信背道而驰!

愚蠢是——

教训愚者,

抗辩贤者,

感动于空虚的言辞,

相信娼妇的话,

向靠不住的人坦承秘密。

不仅歌德有言如此,《圣经》也告诉我们:"要凡事察验,善美的要持守。"

诚信者的永恒信念

　　要凡事察验,善美的要持守。

CHAPTER 7
经典的"诚信"故事

乌鸦的故事

你可以在所有的时间中欺骗某些人，你也可以在某些时间中欺骗所有的人，但你却不能在所有的时间中欺骗所有的人。

"一个偶像歌手的形象，必定是将该歌手本身原即具备的某项特质加以提炼、发扬光大；绝不可能单由幕后工作人员，为他凭空塑造出来！没错，歌手的工作是一种表演。可是，就算这只是表演，也得该歌手本身多少真具有这特质，才能演得出来、演得长久；否则，仅是虚有其表，甚至子虚乌有的形象，迟早会穿帮！"

虽已事隔多年，然而，至今，我仍记得自己在唱片公司任职企划时，那一回，老板在企划会中，对我们所说的这段话。

同样的道理，也适用于我们平日的待人处世吧?！

有一只驴子，因缘际会拾得了一张狮子的皮。

于是，这一天，倍觉无聊的他，便心血来潮披上了这张狮皮，在树林里走来走去，想吓唬那些不小心遇见自己的动物们，借以自娱。

果然，树林里的动物们见到这只披上狮皮的驴子时，一个个都吓得心惊胆战、魂不守舍！

但是，当驴子因而乐不可支，正想再去吓吓继之迎面而来的狐狸之际……

先前早已听见驴子声音的狐狸，便对这只仅披着狮皮的假狮子大声喊道："亲爱的驴子，说真的，若不是在这之前，我已先听到了你的声音，我还真会被你吓一大跳呢！"

无论是歌手呈现于舞台上的形象，还是故事里披上狮皮的驴子，抑或是我们自己生活中的其他，所有人为捏造与虚构出的假象，都不仅是欺骗别人的行为，在此同时，更欺骗了自己！

而且，无论我们身处任一时空、置身何种情境，这自欺欺人的假象，终究将为真实的力量所揭穿——无从遁形，也无法长久持续！

有一只乌鸦某天稍一不慎，便被猎人张起的罗网给捉住了！

亟欲脱逃但屡屡失败、终至无计可施的这只乌鸦，最后，只得闭上双眼，向阿波罗神默默祈祷。

"亲爱的阿波罗神啊，请您大发慈悲，将我从这可怕的罗网中放出来吧！我在此立誓：若您肯将我救出这罗网，我愿长年在您的神座前供香！"

听到了乌鸦祈愿的阿波罗神，立刻帮助他逃出罗网！

不料，待乌鸦远离这九死一生的危机，他竟将自己在罗网中曾对阿波罗神立下的誓言，全都给忘得一干二净！

过了不久，这只乌鸦不幸再度被猎人的罗网所捕！

这回，他想起自己前次的际遇，便连逃也没逃，就直接合上双眼，向赫密士神许了个相同的愿，希望他也能前来解救自己。

不一会儿，赫密士神果真现身！

只不过，当赫密士神仔仔细细地，从头到脚打量这只又一次身陷罗网的乌鸦。

之后，他却毫不留情地对乌鸦说："啊！就是你！你这骗了阿波罗的下流家伙！你想想，既然你曾亏待你过去的恩人，现在，我又怎会轻易相信你呢？"

无怪乎美国总统林肯有言："你可以在所有的时间

中欺骗某些人，你也可以在某些时间中欺骗所有的人，但你却不能在所有的时间中欺骗所有的人。"

真实，任谁也无可脱逃！

如此，我们何不干脆轻轻松松地一秉真实，并遵循诚信之道度日？

两个士兵的故事

> 无信义的朋友，比公开的敌人还可怕。

总是非常非常地依赖我的朋友们，尤其是在我极易受他人与环境影响的心绪，因故陷入波澜起伏的低潮之际。

可是，谁不是这样呢？

正因朋友对于我们的生活与人生，是如此重要、不可或缺、无可替代，所以，"在家靠父母，出外靠朋友"这句话，才会因而诞生，并流传至今吧！

只是，在人际关系网络较往昔繁复许多的今日，朋友间的相处之道，似乎也日渐模糊了起来。

有两个士兵相约结伴旅行。

不料，行至中途，他们却在浓密的树林里，突如其来地遇上了一个强盗！

"天啊!"

其中一个士兵一见强盗出现,迅即在惊叫一声后,径自抛下同行的伙伴,拔腿就跑,希望自己能尽快逃得远远的!

但另一个士兵,却坚毅地站在原地,选择以他强而有力的双手捍卫自己!

最后,这个留在原地对抗强盗的士兵,终于杀死了意欲行抢的强盗!

待强盗已然断气多时,那个先行逃之夭夭的士兵,才缓步折返树林,想一探究竟。

当他回到那儿,发觉强盗已经死去,这时,这个士兵便"英勇地"从自己的剑鞘里抽出剑来,并将自己一直披在身上的旅行外套脱下,甩在一旁,大声喊道:"可恶的强盗让我来对付你吧!我要你明白:你想抢劫的对象,是什么样的人!"

听到这些言语,那个已独立打败强盗的士兵,不禁抬起头来,瞪着自己的伙伴,瞧了瞧。

然后,他冷冷地说:"我真希望方才的你,不曾独自逃跑——纵使留下来的你,其实无力帮我攻击敌人,都好。可是,既然事已至此,还是请你将自己的剑悄悄收进剑鞘,并请你让你那毫无用处的舌头保持缄默吧!

因为，如今，即便你说得再多，都只能欺骗那些不认得你的人；至于我，由于已亲身体验了你临危相弃的速度，早对你那极不可靠的勇气心知肚明啦！"

固然，在人的天性里，难免存有"自私"的因子；但在该是患难与共的时刻，我们怎能眼睁睁、狠心绝情地，抛下每一个在这世上与自己相互依存、相互取暖的朋友们呢？

若真如此，我们，还能算是朋友吗？

这世间所有的人际相处，皆应以发自真心的诚信之道为本。在漫漫人生路上相约为友的我们之间，自不例外才是呀！

有一个捕鸟人，这一天，捉到了一只鹧鸪。

当捕鸟人正准备要取这鹧鸪的命之时，鹧鸪情急之下，便开始恳切地哀求捕鸟人："求求你，先生，请你手下留情！如果你肯高抬贵手、留我一命的话，我愿帮你引诱其他许许多多的鹧鸪到你这儿来，以报答你对我的慈悲之举！"

这只鹧鸪全没料到，捕鸟人听见自己的这番言辞，反而却对他说："原本我仍在犹豫自己要不要杀你的，不过，现在，听了你的话，我决定要取你的命了！因为，你只为挽救自己的一条命，竟以'出卖亲朋好友'

作为交换条件!"

"无信义的朋友,比公开的敌人还可怕。"

这句英国谚语真真是恰如其分地,为这两则故事写下最佳注脚!

即使时空不断流转、时序已跨入 e 世纪,相信在人们的内心深处,依然没有人愿意见到自己身受友人如此相待。

那么,不妨就从立意作为诚信之人的我们自己做起吧——无时无刻,都记得为一己置身的每一次朋友相处中,多注入、添增几分温暖动人的真心诚意……

周成王的故事

人而无信，不知其可也！大车无輗，小车无軏，其何以行之哉？

周成王年幼时，某日，他和与自己感情甚笃的小弟叔虞，一块儿在宫中的一棵梧桐树下玩耍。

一阵秋风吹过，梧桐树上的叶片纷纷随风飘落……

成王一时兴起，便从地上拾起一片梧桐叶，用刀切成一个（当时大臣们上朝手中所持的）"圭"，并随手将它送给叔虞，以玩笑的语气对他说："我要封给你一块土地，喏——你先把这个东西拿去吧！"

叔虞听到成王这么说，随即欢欢喜喜地，拿着这片梧桐叶做成的圭，跑去将此事告知他们的叔叔周公。

彼时仍代尚是稚龄的成王掌理国政的周公，听了叔虞告诉自己的话，便立刻换上礼服，赶到宫中去向成王道贺！

只是……

"叔叔，你为什么要特地穿上礼服，赶来向我道贺呢?"

面对周公的贺喜，早已将此事忘得无影无踪的成王，不禁一头雾水、不知所以……

周公依然面带微笑地，对成王解释道:"我刚刚听说，你已经册封了你的小弟弟叔虞! 发生了像这样的大事，我怎能不赶来道贺呢?"

"哦——那件事啊!"这才忆起此事的成王，忍不住哈哈大笑说，"方才，我只不过是和叔虞闹着玩而已，不是真要册封他呀!"

不料，成王的话才说完，周公立即收起笑脸、正色对成王说:"无论是谁，说话都要以'信'为主;你身为天子，说话更是不能随随便便，当作是在开玩笑一样。如此，你才能得到人民对你的信赖与遵从呀! 倘使你总是罔顾信义，任意将自己说出口的言语视为玩笑，这样，你还有资格作为一国的天子吗?"

周公之言，令成王深感惭愧。

成王便迅即决定:要将叔虞册封于唐地!

古人说:"天子无戏言。"其实，何止天子不能口出戏言? 身为平凡小市民的我们，也是如此呀!

否则，长此以往，在自己身旁的每个人，有谁还肯信任自己？而这个与诚信之道渐行渐远的自己，又该如何在这个由密密麻麻的人际关系织就的人世间，觅得一席立足之地呢……

不轻率任意许诺，并真心诚意信守自己曾许下的每一句承诺，正是我们在这世上的立身处世之本！

那一年，华歆与王朗两人，准备一起乘船去避难。

就在他们正要登船之际，忽然来了一个人，对他们表示自己也想搭他们的船，和他们一起离开！

对此，华歆甚感为难。

反之，王朗却毫不在乎地说："没关系，这船还算宽敞，即便我们两人坐上，空间都还绰绰有余，足以多载一人，所以，有何不可呢？"

不过，没想到——后来，船行途中，贼人竟追上了他们的船！

于是，王朗便想弃那人于不顾，好保住自己的命。

华歆得知王朗心生此念，便板起脸来对他说："先前，我之所以迟疑不决，正是因为这缘故呀！但如今，我们既已决定收容他、承诺了他的托付，怎能因一时的情况危急，就在半途随意舍弃他呢？"

在华歆的坚持下，王朗只得放弃自己的想法。

width:1051px; height:1494px;

而日后，世人也总以此事，来论定华歆与王朗两人人品孰优孰劣。

记得《论语》有云："人而无信，不知其可也！大车无輗，小车无軏，其何以行之哉？"

陆太尉的故事

> 人性的优点，就是在于对真的探讨，诚实和率直的
> 态度是人性的光荣。

"……回到家，独自掩上门的刹那，我忽然觉得自己好寂寞……"

昨天晚上，我正准备乖乖上床睡觉，电话却出乎意料地响起！

话筒彼端，才刚由朋友聚会踏进家门的一位好友，恍若欲哭无泪似的，一句句对我这么说着……

专注地听着听着，却不由得慌了手脚的我，只好力持镇定地，以淡淡的语调对她说："都是这样的啊！"

……

即使自己一直不太愿意承认，然而，几位好友间，

却早已不止一次，谈到过"人生原就极为孤寂"这事实。

不愿承认，是由于自己至今仍无法全然克服的胆怯性格使然；不过，向来不怎么坚强的我，在此同时也一向知道并竭力做到的是：倘使哪一天，自己真能更诚实、更直率地鼓起勇气，来面对这人生的实相，相信自己也才会因而更懂得如何与身旁的人们彼此相爱，以及如何让自己在这人世间好好地活下去呀！

真相或许总残酷得令人不忍卒睹，然而，勇于正视这世上的一切真实的那个不完美的自己，却常能给予在生活中总彷徨不定的我们莫大的指引与帮助呢！

任职太尉的陆士瑶，常到丞相王导家中，向王导请示公事。

不过，每当这位太尉离开丞相府邸、回到自己家里，之后，他却经常或多或少地，自行更改先前王导在该件公事上给自己的指示，鲜少完全听命行事！

久而久之，王导心中，不免对陆太尉的此种行径，感到非常奇怪。

于是，某回，他便趁着陆太尉又来到自己家中请求公事时，开口对他提出自己心中的疑问。

此时，只见陆太尉满脸认真地答道："丞相您的官位尊贵，而我的职位卑微，所以，在卑职向您当面请示公事时，往往会在短时间内，难以周详地思考此事，并能清清楚楚地，以口语将自己的想法向您表达了来；通常，我总是要等到回返家中，再度仔仔细细针对此事考虑过后，才发现自己之前的想法与做法，都仍有不妥之处呀！"

身兼哲学家的罗马皇帝奥勒留曾说："人应该坦然面对那些从生到死，所有发生在自己身上的事。因为，世界的生存与目的，尽在于此。"

而这种为人处世的态度，也正是上天赐予致力成为诚信之人的我们每一个人的荣光徽章呢！

只可惜不如那位在这则出自《世说新语》的故事中，愿勇于与自己及丞相王导诚实以对的陆太尉，当我们必须面对一己生活与生命中的种种困境与荒凉之际，我们总习惯将属于自己的责任与过错，尽数推给别人。

根据古代传说，当人们降生于这世上时，每个人的颈项间，都挂着两个袋子——其中一个小袋在前，里头装的全是别人的过失；而另一个始终挂在人们身后的大袋中，装的则都是这人自己的错。

所以人们常是相当容易地，就看到了别人的过失，但对于自己犯下的错误，却总是茫然不解。

这，可不是一个真正的诚信之人应有的作为哟！

是以英国哲学家培根，曾勉励每一个努力用心生活的我们："人性的优点，就是在于对真的探讨，诚实和率直的态度是人性的光荣。"

驴与马的故事

　　说谎者所受的惩罚，全不在人家不能相信他，而是在于他不能相信任何人。

　　某日，一只觊觎马的饲料已久的驴，对一匹恰巧在中午进餐前，悠悠哉哉地走到自己身旁的马恳求道："亲爱的马呀，可不可以请你将自己这一餐的饲料省下一丁点儿来，将它们分给我尝尝呢？"

　　"好啊！"马回答，"为了维持我高贵的尊严，我郑重地在此宣布：倘若我这一餐的饲料，在我吃饱后还有剩余的话，我就会为你留下它们；今天晚上，当我该回到自己厩中去的时刻到来，如果你肯到我那儿走一趟，我就会将这些我中午为你留下的饲料，连同另一小袋满满的大麦，全都送给你！"

听完这匹马的长篇大论，驴子忍不住对他说："算了！我看我还是在此谢谢你的好意吧！我实在无法相信：现在拒绝我这样一点小事的你，只消到了今天晚上，却肯给我一个更大更大的好处呢！"

一直以来，我总觉这匹骄傲自大且自欺欺人的马儿，活得是多么累啊！

"说谎者所受的惩罚，全不在人家不能相信他，而是在于他不能相信任何人。"

1926 年诺贝尔文学奖得主萧伯纳所言，真是一针见血！

而且，此刻，又一次读过这则原载于《伊索寓言》的故事后，我想起自己刚看完的日本偶像剧《百年物语》的女主角。

在时空背景设定于"距离 21 世纪还剩 145 天"的《百年物语》第三部《Only Love》开场，身为女性杂志编辑的女主角千代（松嶋菜菜子），是个不懂爱为何物、饱尝孤寂，故总以自行其是、颐指气使的态度来面对一切的女人。

也因此暗自决定前去堕胎，并在事后才告知孩子父亲，同时向对方提出分手要求的她，当场在众目睽睽之下，被对方重重地捆了一巴掌！

甚至，孩子的父亲还怒不可遏地对她大喊："你从一开始就没爱过我吧？你根本不懂得如何爱人！"

直到她极为意外地，在一个假日清晨，于睡梦中被一通突如其来的电话惊醒，随后并请了假，搭机飞往美国，寻访当年抛弃年幼的自己、独自飘然远去的生母，且在返回日本后，另行走访外曾祖母户仓彩的故乡，由当地寺庙住持口中，得知百年前发生于自己外曾祖母身上的那段悲剧之后，身为现代女性的她，才对"爱"有了深刻的自省。

而终于真正懂得何谓爱人与被爱的千代，也才终于能坦然面对自己，并与彼时和自己的外曾祖母相恋、但两人却因故无法结合的八代公太的曾孙——八代进次（渡部笃郎），在彼此的人生中，重新写下一页页真正属于爱的诗篇。

"你用什么样的斗衡量人，别人也将用同样的斗衡量你。"

《圣经》上曾记录耶稣的这句话。

爱是如此。可谓人之相与最最重要的诚信之道，自不例外！

　　无论是寓言故事中的那匹马，抑或是日剧中的女主角千代，都令我再一次深深领悟：倘我们不能与旁人和谐共处，往往，那起因，可能便在不曾以诚信之道要求自己的我们自身！

陈太丘的故事

与朋友交，言而有信。

前些日子，有两位早已脱离学生生涯、但目前仍有暑假可放的幸运儿朋友，恰好分别打算到英国与日本琉球群岛旅行。

"要记得寄明信片给我哦！好不好？"

自然，此事传到喜欢收集明信片的另一位朋友与我耳中，我们便在他们行前的朋友聚会里，向他们提出这要求；并于获得他们首肯后，轮流在他们的笔记本上写下自家地址。

只不过，不久，接到其中一位朋友寄自琉球的明信片，之后，好久好久，在我们的殷殷期盼下，那该是来自英国的另一张明信片，却自始至终，都不曾出现在朋友或我的信箱里。

"也许，寄丢了吧?! 像上回我去旅行寄给你的明信片，最后，你不也没有收到?!"

每次，当仍在引颈期盼那张明信片现身的那位朋友对我提及此事，我总这样轻描淡写地安慰他。

后来，待暑假结束，那位朋友终于忍不住自己的满腹疑云，决定打通电话直接问问对方!

"啊! 对不起，那个时候，我在英国根本玩昏了头，所以忘了寄，回来也忘了告诉你们!"

"什么?!"

听到对方的回答，打电话去的朋友，不禁当场大发雷霆!

事后，当这位朋友带着未曾全然消退的怒意，打电话给我转述此事时，我并未责怪他，只是叹了口气，连声要他别发这么大的火。

《论语》有言："与朋友交，言而有信。"

毕竟，错不在这位发了脾气的朋友身上呀!

许诺时欠缺诚挚真心，承诺后又不曾信守约定，此种自欺欺人的行径，等于是在为朋友间的情谊自掘坟墓，令那些原先紧紧密密围绕于我们周遭的友人们，将一个个陆陆续续悄然远去。

有一天，陈太丘与友人相约同行。

到了约定的那一天，陈太丘等了又等，等了又等，甚至，等到午时都过了。

但是，那位与陈太丘缔约的友人，却迟迟未曾现身！

无可奈何的陈太丘，只得放弃等待，独自先行出发！

不料，就在陈太丘动身上路没多久，那位与陈太丘相约的友人，却赫然来到陈家门口！

这位友人见彼时年方7岁的陈太丘之子陈元方，正在陈家门外玩，便开口问陈元方："小朋友，请问令尊在家吗？"

"他等你等了很久很久，可你一直没来，所以，刚刚他已经先行出发了。"陈元方答道。

听到陈元方的回答，这位姗姗来迟的友人，随即怒火三丈地说："陈太丘真不是人！他明明和人家约好同行，却丢下他人、自己先走一步！"

此时，只见陈元方有条有理地，对他父亲的这位友人说："你与家父相约，但直到中午，家父仍不见你的人影，这是你为人不守信用的表征；而现在，你又当着人家儿子的面，任意谩骂他的父亲，你这样的行径，真可说是无礼啊！"

　　到此，陈太丘的这位友人，才开始为自己的言行惭愧不已。

　　朋友相交，贵在真诚。

　　待人言而无信，尤其以此对待朋友，受害者，终究是自己。

斧头的故事

谎言从来没有合理的借口。

那一天，有个工人正在河畔砍柴。

他努力地砍呀砍，谁知，只稍一不慎，他竟将自己的斧头，失手掉进河里去了！

念及自己从此失去赖以维生的工具，这个工人当下跌坐河边，满心哀戚地开始号啕大哭。

他愁云惨雾地哭着哭着，也不知道过了多久，突然，赫密士神出现了！

他以温和的语气，询问这个泪流不已的工人："你怎么了？为何哭得如此伤心呢？"

"我……我砍柴用的斧头，刚刚不小心掉到河里去了！呜……这可是我吃饭的家伙耶！没有它，我该怎么办？"工人语带呜咽地回答。

没料到，工人的话才刚说完，赫密士神随即潜入河中，从河底取出了一柄闪闪发光的金斧头来！

"你方才掉进河里的斧头，可是这一把？"赫密士神指了指自己手中的金斧头问工人。

"不是。"仍红着眼眶的工人摇摇头。

于是，赫密士神迅即再度没入河中。

这回，浮出水面的他，手里握着的，是另一柄光芒耀眼的银斧头！

工人又对赫密士神摇了摇头，表示这不是自己的斧头。

赫密士神因而第三度潜到河底。

这一次，浮出河面的赫密士神手上拿的，正是工人掉进河里的那把斧头呢！

笑逐颜开地由赫密士神手中，接过自己意外失而复得的这柄斧头的工人，不由得喜形于色地对赫密士神说："这正是我的斧头啊！真的非常谢谢您帮我找回它！"

而也因这工人的诚实无欺，令赫密士神极为欢喜，所以，赫密士神便决定：要将自己先前从河里取出的金斧头与银斧头，连同这工人的斧头一并送还给他！

这个工人回到家，立即兴高采烈地，将自己当天这奇妙的遭遇告知左邻右舍!

其中一个工人听了,便跃跃欲试地,打算马上试试自己是否也能拥有相同的好运!

因此他随即匆匆带着自己的斧头去到河边,故意将它扔进河里、坐在河岸上痛哭失声。

不一会儿,赫密士神果真如他所愿现身!

得知这工人哭泣的理由后,赫密士神也立刻没入河中,并同样在他自河里浮起时,拿出了一柄金斧头!

"是的!这斧头,就是我丢掉的那一把!真的!"看到金斧头的这工人,还没来得及听完赫士神的问话,便迫不及待地说道。

"骗子!"

这工人全没想到,由于赫密士神痛恨他的不诚实,他不仅没将自己手中的金斧头赐给他,而且,他还拒绝继续替这工人到河里去寻回他原有的那柄斧头呢!

正如这个只因贪欲平白得到金、银斧头,便处心积虑地骗了赫密士神的工人,倘若我们也仅为满足一己私欲而任意欺瞒他人,无论如何,都是万万不该呀!

况且,既然这本是不当行径,即使我们能为自己的言行举止提出再多的解释与理由,也无从为之合理化!

有两个分别名为臧、谷的年轻人,皆以放羊维生。

但这一天傍晚，他们两人，却不约而同空着手回到村里！

村人见到这种情形，连忙追问臧："你负责放的羊群呢？到哪儿去了？"

"我在树下专心看书，一不小心，就让羊给跑了，"臧吞吞吐吐地回答众人。

村人们又接着质问谷。

只见谷赧然答道："我一面放羊，一面和别人赌博，一个不留神，羊就跑了！"

虽说臧、谷二人由于在放羊的同时，各自在做不同的事，致使羊群走失，听来仿佛言之成理；然而，身为牧羊人的他们所放牧的羊群，毕竟都因他们的怠忽职守，忘却羊群主人的托付，而殊途同归地跑了。

或许，我们确有能力，足以为自己一时糊涂、罔顾诚信之道的行止，编造出千百万种（甚至更多的）理由；但是，不论我们如何粉饰太平，所有世事的结局，终究只有一种——回归"真实"！

一如托尔斯泰对我们说过的这句话：

"谎言从来没有合理的借口。"

荀巨伯的故事

> 对众人一视同仁，对少数人推心置腹，对任何人不要亏负；在能力上应当和你的敌人相抗衡，但不要因争强好胜而炫耀你的才干；对于朋友，你应该开诚相与，宁可让人责备你木讷寡言，不要让人责怪你多言生事。

家人、情人、朋友、邻居、同事、亲戚……

无论自己愿意与否，在我们活着的每一瞬间，这世上，总有许许多多剪不断、理还乱的人际关系，紧紧密密地，与我们的生活及生命相互依存。

于是，常因形形色色的人际关系获得极多温暖，抑或不免因之陷入烦恼的我便常常在想：正因这种种人际关系的存在，所以这世间，才充满了这么多属于人际的欢喜与哀愁吧?!

汉桓帝时，有一天，荀巨伯特地前往离家很远的一个地方，去探望他生了重病的一位朋友。

然而，当荀巨伯抵达那儿之时，极为不巧地，却正是胡贼将要来攻打该县城的前夕！

荀巨伯的朋友见到他来探望自己，虽然心中万分感动，也很想与荀巨伯多聊聊；但念及胡贼攻城的可怕，他的朋友还是抑制住自己的想望。

"再过不久，我就要死了，而胡贼也即将到来，我看，你还是快点离开这里，趁早逃命去吧！"荀巨伯的朋友神色紧张地对他说。

"这怎么可以呢?!"听完这话，荀巨伯义正词严地驳斥他的朋友，"我从遥远的家乡，千里迢迢来此探望你，而你却只因胡贼要来攻城，便立刻要赶我走，这不等于是要我仅为贪求活命，而败坏朋友之间的义气吗？这种败义求生之事，岂是我荀巨伯所为呢？"

没多久，胡贼果真进城来了！

这些胡贼在已然空空如也的城里，见到荀巨伯与他的朋友，不禁好奇心大盛，开口问道："我们的大军已经到来，整个县城里的人们，也早已逃得精光，你到底是何方神圣，竟敢独自留在此地？"

只见荀巨伯从容不迫地回答他们："我生了重病的朋友正卧病在床，我不忍弃他一人在此，独自离去。所以，我选择留在这儿，情愿牺牲自己的生命，来换取他一条活命!"

胡贼们听了荀巨伯的话，非常感动。

"唉! 我们这些无义之人，今天，竟来到了一个讲究义气的地方，我们真该感到惭愧呀!"胡贼们在彼此耳畔窃窃私语良久。

最后，他们决定不动干戈，撤回所有军队!

而荀巨伯的友人所居的这座县城，也因此得幸免于难!

至今，每每讲到这则故事，我仍总为那份存于荀巨伯与他的朋友间的深重情谊，而感动不已、感慨连连。

在如今这事事讲求速度的时代，人与人之间，还有没有这种质地的情谊呢?

若连胡贼都能不再背信弃义，自诩已进入新世纪的我们，又岂应眼睁睁放任自己，与诚信之道渐行渐远。

"对众人一视同仁，对少数人推心置腹，对任何人不要亏负;在能力上应当和你的敌人相抗衡，但不要因争强好胜而炫耀你的才干;对于朋友，你应该开诚相与，宁可让人责备你木讷寡言，不要让人责怪你多言生事。"

　　再无其他人能如莎士比亚这般，以短短的一段话，便将适用于所有人际关系的道理，说得如此通透明白！

　　无论时代如何推移，无论旁人如何对待自己，自己生活中待人处世应有的诚信态度，的确仍是我们必须如此的自我要求！

伊士曼的故事

真诚是一件非常宝贵的东西，所以我们应该谨慎地使用它。

前几天，我打开冰箱，正准备寻觅烹煮午餐的材料时，却意外在冰箱里，发现几卷自学生时代购入，且存放至今不曾使用的胶卷！

怀念地看着手中多年来，似乎没太大改变的明亮黄色包装纸盒，我忽地想起教摄影的老师，当年，曾在课堂上，对我们说过这样的一段故事：

原在保险公司任职会计，但对摄影有着浓厚兴趣的"胶片大王"伊士曼，在经由努力不懈地长期实验后，终于发明了一种便于使用的摄影胶卷！

而且，十分幸运的伊士曼，彼时，恰巧获得资金挹注。所以，不久后，他就创设了属于自己的工厂，大量生产这种摄影胶卷！

由于伊士曼的这项新产品，兼具"使用方便"与

"价格便宜"的双重优点，因此，他的工厂开设尚未满月，这产品，便已成为畅销美国各地的当红炸子鸡！

然而，好景不常。当第二年的春天才刚刚降临人间，原本客户总应接不暇的伊士曼摄影胶卷工厂，竟连一张订单也没接到！

"奇怪！"面对这一反常态的现象，伊士曼的心里百思不得其解。直到某日，一位过去就常向伊士曼订货且与他甚是交好的商人，怒气冲冲地来到伊士曼摄影胶卷工厂。

这位商人踏着重重的脚步，走到伊士曼面前，毫不容情地对他大声咆哮道："好小子，今天，你一定要给我说清楚！你卖给我们的摄影胶卷，究竟是怎么回事？为什么仅仅经过一个冬天，这些胶卷，居然就再也无法使用了呢?！像这样靠不住的产品，你怎么可以拿来让我们卖给顾客呢？"

伊士曼这才对何以自己的工厂"今年以来，一直都接不到新订单"的原因恍然大悟！

他颤抖着双手，拿出自己发明的产品，试着使用。

果真——那胶卷，完全无法使用！

"不能再这样下去！"眼见此情此景，伊士曼心中暗自警告自己，"若我持续贩售这种令人无法信任的产品，定会全然失去我的信用！而做人最要紧的，正是信用啊！"

于是，伊士曼刻不容缓地着手写了封信，并随即印发给全国的伊士曼摄影胶卷经销商。

"因我个人的一时不察，致使这产品的瑕疵为各位引来诸多麻烦，对此，我实在感到非常抱歉！倘使各位手边，现仍有未出售的伊士曼摄影胶卷，请你们把它全部寄给我，我将以原价退款给各位！同时，我也在此宣布：我将暂时关闭伊士曼摄影胶卷工厂——等到我能制造出可靠的摄影胶卷的那一天，伊士曼摄影胶卷工厂才会再度开始营运！到时，还请各位继续惠顾！"在这封信上，伊士曼如是写道。

待伊士曼将回收的摄影胶卷全部打碎之后，他便毫不留恋地关闭了自己的工厂，并漂洋过海，进入英国著名的摄影研究所研习！

在那儿，历经半年的致力研究，这一回，伊士曼所发明的，正是即使存放多年，也不致无法使用的摄影胶卷！

当伊士曼赴英研究告一段落，回到美国再度设立工厂、重新生产摄影胶卷之时，因为过去曾与他往来的商家，都知道他前次回收胶卷一事，所以，认定"伊士曼的新产品一定可靠"的他们，都乐于与伊士曼恢复交易！

就这样，伊士曼这次新出品的摄影胶卷，未几，便风行了全美国与世界各地！

对自己诚实，也就是对别人诚实的表现。

反之，若我们的言行举止不合诚信之道，不仅是自欺欺人的行径，长此以往，更会令一己的珍贵名誉毁于一旦！

记得马克·吐温曾言："真诚是一件非常宝贵的东西，所以我们应该谨慎地使用它。"

伊士曼的行为举止，正与马克·吐温此言相互印证！

华盛顿小时候的故事

> 生命既不是受苦，也不是欢乐，只是我们必须做的事业。我们必须诚实地经营这项事业，直到生命的终结。

美国国父乔治·华盛顿幼时，某日，他的爸爸送给他一柄斧头。

小小的华盛顿，非常非常喜欢爸爸送给自己的这份礼物！于是，他便拿着这柄又新又亮的斧头，不时到处闲逛，想找个用用它的机会！

这一天，他走到自家庭院，看到一棵小树苗。他感觉这棵小树苗，仿佛在连声呼唤着他："来吧！快点来砍倒我吧！"

听到这样的呼唤，心里原就极想尝试砍树滋味的华盛顿，迅即模仿起家中用人们砍树的模样，用自己的小斧头，开始朝这棵树苗砍去！

不一会儿，他就成功地砍倒它了！

然而，当华盛顿的爸爸回到家发现庭院里的小树苗居然被砍倒在地，华盛顿的爸爸立刻怒发冲冠地大声喊叫："是谁？是谁斗胆砍倒了我宝贵的樱桃树？这品种的樱桃树，是全国绝无仅有的一棵，是我花了很多很多钱，好不容易才买到的！"

踩着充满怒气的步伐，华盛顿爸爸一进到屋里，随即对家人们说："只要让我知道究竟是谁砍倒了我宝贵的樱桃树，我一定，一定要把他……"

"爸爸！"此时，华盛顿却出人意料地打断了爸爸的话，当众朗声说："是我！爸爸，是我用你送我的斧头，砍倒了院子里的樱桃树！"

霎时，华盛顿爸爸忘了自己的愤怒。

他走到华盛顿面前，一把抱起了小小的华盛顿，感动万分地对他说："乔治，我好高兴！我好高兴你能鼓起勇气，将这实情告诉我！说真的，我宁可失去再多的樱桃树，也不愿见到你因这件事，而从此成为一个会说谎的孩子啊！"

前几天，在电脑屏幕上读到朋友写来的 E-mail 时，这则众人自小耳熟能详的故事，便浮现在我的脑海。

"我觉得自己好寂寞，

即使置身热闹人群中，也一样。

每一个存活于这世间的人，真要觅得一己生活的重心。

大概真的不是件容易的事吧?!

就算以再多的公事、私事，将自己的生活填得满满的，也不代表自己的心里，就能备感充实……"

读完这封 E-mail，我只觉这位朋友好勇敢、好诚实！

确实，我们每个人的生活与生命中，总有或多或少的缺憾与不完美。

但是，倘我们仅因那些伴随缺憾与不完美而来的负面情绪，便不肯面对它们，甚至逃避它们，这可是我们的莫大损失哟!

因为，唯有遵循诚信之道，勇于面对不一定完满无瑕的真实，方能使我们已然克服了一己胆怯与畏惧的生活与生命，昂首阔步向前行去!

有一只狼在山脚下徘徊时，偶然瞥见了自己的影子。

此时，正是日落时分，夕阳将这只狼的影子，拉得好长、好大……

这只狼呆立在那儿，望着自己的影子好一会儿，之后，他不禁自言自语道："既然我拥有如此巨大的身躯，那么，我为什么还要害怕狮子呢？真正的万兽之王，应该是我才对呀！"

不料，当这只狼正沉溺于他的自我陶醉时，一只狮子却趁其不备，向他扑去，杀死了他！

通常，在生活与生命中，我们都早已习惯以种种美丽的假象，掩饰问题的真正所在，并借此逃避那些仍有缺憾与不完美的真实吧？！

"生命既不是受苦，也不是欢乐，只是我们必须做的事业。我们必须诚实地经营这项事业，直到生命的终结。"

长久以来，法国历史学家托克维尔所言，总在我亟欲逃脱残酷现实之时，便不自觉地于我心中回荡，良久良久……